铸造造型材料性能检测

组　编　中国铸造协会

主　编　卜　伟

副主编　韩胜利　吉祖明　杨　杨　王东生

参　编（按姓氏笔画排序）

　　　　王　宁　张　羽　陈亚东　周裕忠

　　　　徐红飞　高峰卫　薛　江

机械工业出版社

本书主要介绍了造型材料性能检测方法、检测仪器与实际操作过程、湿型黏土砂、无机黏结剂砂、有机黏结剂砂等型砂及涂料的性能检测技术要求与规范，以及检测仪器的校准等相关内容。本书由中国铸造协会组织编写，内容系统全面，具有科学性、实用性和前瞻性，有很高的实用价值与指导价值。本书对帮助铸造企业监控型砂性能，提高技术人员与操作人员的理论与实际操作水平，稳定铸件产品质量都有很好的参考借鉴作用。

本书可供铸造工程技术人员、工人和理化检测人员使用，也可供造型材料研发人员和销售服务人员、相关专业的在校师生参考。

图书在版编目（CIP）数据

铸造造型材料性能检测/中国铸造协会组编；卜伟主编. —北京：机械工业出版社，2024.3
ISBN 978-7-111-74983-7

Ⅰ.①铸…　Ⅱ.①中…　②卜…　Ⅲ.①铸造-造型材料-性能检测　Ⅳ.①TG221

中国国家版本馆 CIP 数据核字（2024）第 030290 号

机械工业出版社（北京市百万庄大街 22 号　邮政编码 100037）
策划编辑：陈保华　　　　　　　责任编辑：陈保华　李含杨
责任校对：张爱妮　梁　静　　　封面设计：马精明
责任印制：常天培
固安县铭成印刷有限公司印刷
2024 年 4 月第 1 版第 1 次印刷
169mm×239mm·13.25 印张·254 千字
标准书号：ISBN 978-7-111-74983-7
定价：69.00 元

电话服务　　　　　　　　　网络服务
客服电话：010-88361066　　机　工　官　网：www.cmpbook.com
　　　　　010-88379833　　机　工　官　博：weibo.com/cmp1952
　　　　　010-68326294　　金　书　网：www.golden-book.com
封底无防伪标均为盗版　机工教育服务网：www.cmpedu.com

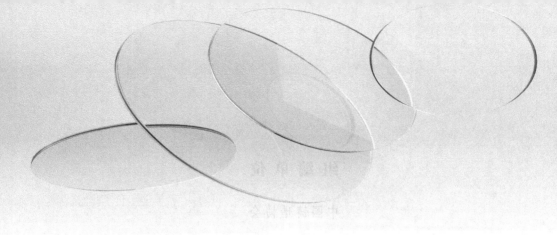

前　言

　　近年来，我国造型材料随着铸件产量的快速增长获得了空前的发展，无论种类、质量还是技术水平都取得了长足的进步。铸造企业在使用造型材料的过程中，也更注重对其成分与性能的检测与控制。

　　对造型材料的性能进行检测与控制是保证铸型质量及铸件质量的重要手段。为指导铸造企业工艺技术人员、理化检测人员重视造型材料质量，提高检测与分析水平，完善企业质量检测与控制体系，中国铸造协会特组织编写本书，并将本书作为铸造行业造型材料性能检测技术培训课程的指定教材。本书的问世及相应培训工作的开展，将填补机械行业理化检测人员能力评价体系中所缺少的铸造行业特有而重要的环节，对加快铸造行业高质量发展必将起到不可或缺的推动作用。

　　本书由卜伟担任主编，韩胜利、吉祖明、杨杨、王东生担任副主编。全书共分为7章。第1章绪论、附录由杨杨、王东生编写；第2章铸造原砂的性能检测、第3章湿型黏土砂及其原材料的性能检测由韩胜利、王宁、周裕忠编写；第4章无机黏结剂砂及其原材料的性能检测中水玻璃砂及其原材料的性能检测由吉祖明、陈亚东编写，无机覆膜湿态砂及其原材料的性能检测由卜伟编写；第5章有机黏结剂砂及其原材料的性能检测中呋喃树脂砂、胺法冷芯盒树脂砂、酚脲烷树脂砂、碱性酚醛树脂砂及其原材料的性能检测由吉祖明、陈亚东编写，覆膜砂、热芯盒砂及其原材料的性能检测由王宁、杨杨编写；第6章涂料的性能检测由卜伟、张羽、徐红飞编写；第7章检测仪器的校准由薛江、高峰卫编写。

　　本书编写方向与初始编写大纲由中国铸造协会袁亚娟总工程师提出；清华大学黄天佑教授、华中科技大学李远才教授、沈阳大学赵志立教授、中国铸造协会张志勇常务副会长对本书的编写大纲及编写内容提出了很多宝贵的改进意见；本书的编写工作还得到了鑫工艺（上海）材料科技有限公司、苏州兴业材料科技股份有限公司、上海铁狼工业材料有限公司和无锡市三峰仪器设备有限公司等相关企业的大力支持；除此之外，重庆长江造型材料（集团）股份有限公司的王丽峰女士和科莱恩化工（中国）有限公司的何泽芬女士也提供了相关资料和帮助。在此一并向他们表示真诚的感谢。

本书编写过程中所参考的有关标准、技术图书、论文等资料均已在附录和参考文献中列出，我谨代表所有编写人员致敬原资料作者！

限于编者水平，书中不妥之处敬请读者提出宝贵意见。

卜　伟

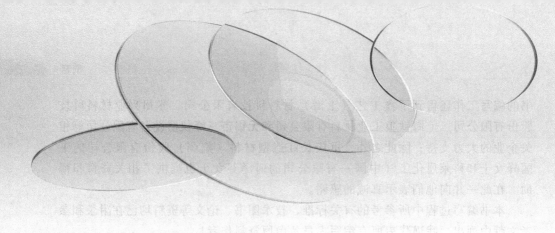

目 录

目录

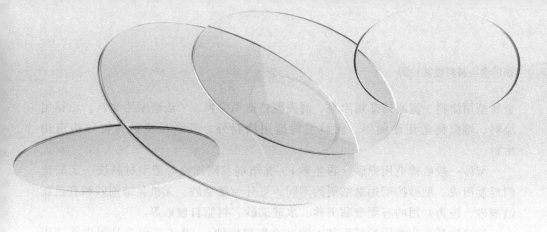

第1章 绪 论

1.1 造型材料的分类与特点

造型材料一般是指在砂型铸造和特种铸造生产中，造型、制芯及合型环节所使用的一切非金属、消耗性、不直接参与铸件形成冶金过程的原辅材料。按照使用情况主要分为原砂、黏结材料（黏结剂）、添加材料、辅助材料及工艺过程材料。

本书主要介绍型砂制作过程中使用的原砂、黏结材料、添加材料、涂料及其混制的砂型（芯）的性能。

1.1.1 造型材料的分类

原砂是型砂的基本骨料，包括硅砂和非硅质砂。非硅质砂包含锆砂、铬铁矿砂、橄榄石砂、刚玉砂、铝矾土砂和人造陶瓷砂等。

黏结材料是将原砂（再生砂）或耐火粉料黏结起来使之成为型砂的有机和无机材料，包括各种人工合成树脂及相应固化剂、膨润土、油类黏结剂、水玻璃、硅溶胶和磷酸盐等。

添加材料是为改善型砂的某些性能而在型砂中添加的一些辅助材料，如煤粉、淀粉、防脉纹添加剂、增强剂、防开裂剂、溃散剂、促硬剂等。

涂料是为改善铸件表面质量和局部的内在质量而在砂型或砂芯表面涂覆的材料。按使用的合金种类，分为铸钢用涂料、铸铁用涂料、有色合金用涂料；按涂料中的主要耐火粉料，分为石墨涂料、锆英粉涂料、刚玉涂料等；按使用的载体，分为水基涂料、醇基涂料等；根据铸造工艺方法不同，可分为砂型用涂料、金属型用涂料、离心铸造用涂料、消失模铸造用涂料、V法造型用涂料、压铸用涂料、熔模铸造用涂料等。除砂型铸造用涂料外，其余可统称为特种铸造用涂料。

型砂一般由铸造用原砂（再生砂）、黏结剂和附加物等造型材料按一定的比例混制而成。型砂按所用黏结剂的不同，可分为湿型砂、无机黏结剂砂和有机黏结剂砂，较为常用的有湿型黏土砂、水玻璃砂、树脂自硬砂等。

湿型砂是最为常用的湿型黏土砂（也称潮模砂），其工艺仍然是国内外适用于铸铁、非铁合金小铸件和小型铸钢件的主要生产工艺。湿型黏土砂采用天然矿物膨润土作为黏结剂，其来源广泛、价格低廉，浇注后的型砂可以经处理后反复使用，可缩短生产周期。因此，湿型黏土砂工艺不仅在汽车、拖拉机铸件，以及气缸体、气缸盖、曲轴、制动鼓等大批量铸件上使用，也为众多的单件小批量铸件生产企业所采用。与其他铸造造型工艺相比，黏土湿型砂工艺具有生产过程简单、设备投入少、投产快、铸件成本低等优势。但湿型砂造型不适合轮廓尺寸很大或壁很厚的铸件，因为湿型砂的缺点是砂型强度和硬度低，含水分多，发气量大，型砂的韧性不高，流动性有限，造型起模时容易掉砂，浇注时易被冲蚀并与金属液起反应，因而容易产生铸件缺陷。湿型砂铸造易产生的缺陷主要有粘砂、夹砂、砂眼和渣孔、气孔、胀砂等。

无机黏结剂砂常用的是水玻璃砂，水玻璃砂的硬化方法可分为热硬法、气硬法和自硬法三大类，目前常用的硬化方法有传统的吹二氧化碳气体硬化工艺，以及有机酯自硬工艺。水玻璃砂造型价格低，流动性好，硬化快，型芯的尺寸精度高，在混砂、造型、浇注和落砂过程中无刺激性气味或有毒气体产生，也无黑色污染。但是水玻璃的残余强度高，清砂困难；废旧砂的再生比例也有待进一步提高。水玻璃砂工艺主要应用在铸钢件，约70%的铸钢件采用水玻璃砂工艺生产，广泛用于铁路、造船、发电、钢铁等行业。近年来，有机酯自硬水玻璃砂使水玻璃砂溃散性差的问题较好地得到解决，再生困难也有所缓解，所以在一些生产铸钢件的工厂得到越来越多的应用。

此外，近年来国内外对磷酸盐黏结剂砂、新型硅酸盐黏结剂砂的研究与应用也在不断推进中。磷酸盐黏结剂型砂的特点是高温强度高、高温变形小、残余强度低、出砂性及溃散性好、硬化方便，可用于铸钢件。但其主要问题是，在湿度较大的环境中易吸水而发生潮解，大大降低了砂型强度；目前对磷酸盐黏结剂的机理认识不深入，且使用成本较高。新型硅酸盐黏结剂一般指在硅酸钠的基础上加入各种改进剂，目前许多知名企业都在进行研究开发工作。无机硅酸盐黏结剂覆膜湿态砂已规模化用于铸铝件制芯、部分铸铁件制芯的生产中。在混砂、造型制芯、浇注及清理过程中无有害气体、粉尘排放，发气量及能耗大幅度降低，大大改善了铸件质量，同时降低了成本。但因其为湿态砂，流动性较低，难以应用于部分复杂件制芯，另外，其溃散性差也限制了其在铸铁中的应用。

有机黏结剂砂的品种繁多，从早年开始应用的桐油砂、亚麻油砂，到现在广泛应用的合成树脂黏结砂等。目前广泛采用的有自硬呋喃树脂砂、自硬碱性酚醛树脂砂、酚脲烷自硬树脂砂等。树脂砂工艺生产的铸件尺寸精度高、外部轮廓清晰；铸件表面光洁，外观质量好；组织致密，铸件综合品质高。但如果工艺不当，将会产生气孔、粘砂、脉纹及热裂等缺陷；同时，树脂砂工艺对原砂的质量要求高，与黏土砂相比，成本较高；生产过程中会产生刺激性气味，对环境造成不良影响。树脂砂工艺已在铸钢、铸铁及有色合金中得到广泛应用。

1.1.2　造型材料的特点

砂型用造型材料的特点主要有：

1）造型材料品种及规格多，对生产、应用、管理和质量控制带来诸多问题与要求。

2）造型材料使用消耗量大。不同的砂型铸造工艺，每吨铸件的造型材料消耗达到几百千克到 1 吨。

3）造型材料的选用与铸造工艺和装备关系密切。不同的工艺与装备，对型砂提出了不同的要求。同时，有些工艺与装备的不足可以通过改进型砂性能来弥补。

4）造型材料技术规范难统一。由于型砂使用的原辅材料以及生产使用过程涉及多种学科，生产厂家和品种多，产品的个性强，存在技术保密和技术交流的限制，同时铸造工厂以及不同的工艺对其要求和习惯各不相同，导致许多技术规范难以统一。

5）造型材料对铸件质量、成品率、生产率和成本的影响大。型砂在铸件浇铸过程中，直接受到高温金属液的多种作用，其自身的物理化学变化以及与金属液的多种反应，将会影响铸件的尺寸精度、内在质量和表面性能。

6）造型材料对环境影响大。型砂用原辅材料在混砂、造型、制芯、浇注、清理过程中，都会产生粉尘、VOC、固废等污染物。目前，各生产企业通过不断研发、改进工艺及再生处理等达到了国家相关的环境排放要求。

1.2　造型材料的性能与作用

对于铸造企业来说，要想稳定控制铸件质量、提高效率、降低成本，造型材料的质量控制至关重要。了解各种造型材料的性能指标，是控制原辅材料质量及改进铸件质量的前提。由于造型材料种类繁多，不同铸造厂的不同铸造方式使其特点各不相同，主要造型材料原砂、黏结剂及涂料的性能与作用也不同。

　　铸造用硅砂因其储量丰富、价廉易得、适合铸造工况条件的特性而广泛应用。硅砂有足够高的耐火度，能耐受钢、铁及各种有色合金的浇注温度和较长时间的热作用；颗粒质地坚硬，能耐受造型时的舂、压作用和再生处理时的撞击和摩擦；在接近其熔点温度时，仍有较好的强度和保持其原有形状的能力。但同时也存在一些问题，如因其相变产生体积膨胀，使铸件产生"膨胀缺陷"；高温下化学稳定性不好，易导致铸件粘砂；破碎后形成的粉尘会对环境和操作工人造成危害等。虽然随着科学技术的发展，非硅质砂、人造砂在铸造行业的应用铸件增多，但硅砂仍是最重要的原砂。

　　硅砂一般以 SiO_2 含量作为主要的验收依据之一。性能指标主要包括化学成分、含水量、含泥量、灼烧减量、酸耗值、粒度、角形因数、烧结点及耐火度等。

　　国内外使用的铸造用黏结剂种类繁多，主要归结为以呋喃树脂、酚醛树脂、胺法冷芯盒树脂（酚脲烷树脂）为代表的有机树脂黏结剂和以黏土、水玻璃（硅酸钠）为代表的无机黏结剂。

　　呋喃树脂黏结剂一般由糠醇与尿素、甲醛或苯酚等缩合而成，其主要组分是糠醇、脲醛、酚醛，根据呋喃树脂氮含量的不同，适用于不同的铸件生产。脲醛改性呋喃树脂的氮含量在 1%~15%，适用于铸钢、铸铁及有色合金的铸件生产；酚醛改性呋喃树脂为无氮树脂，铸钢件普遍采用；脲酚醛改性呋喃树脂含有尿素和苯酚，兼具脲醛改性呋喃树脂与酚醛改性呋喃树脂的基本特性，又互补两者的不足，适用于铸钢、铸铁及有色合金件的生产。甲醛糠醇树脂和高糠醇呋喃树脂不含氮和酚，多用于大型铸钢件。

　　酚醛树脂是最早应用于铸造的合成树脂。目前国内铸造用酚醛树脂主要有两种，一种是固体粉末或液体的，如壳型黏结剂和热芯盒树脂砂；另一种是酯/二氧化碳固化的自硬碱性酚醛树脂砂。液态黏结剂具有混砂方便、能够快速均匀分布在砂粒表面、黏结力强等优点。

　　黏土是应用历史最久、范围最广泛的一种铸造黏结剂，黏土分为高岭石黏土和蒙脱石黏土。耐火黏土和普通黏土属于高岭石类黏土，膨润土主要由蒙脱石黏土组成。铸造用膨润土主要有钙基膨润土和钠基膨润土。膨润土的主要性能指标有含水量、粒度、膨润值、吸蓝量、湿压强度、热湿拉强度、紧实率、干压强度、复用性等。在湿型黏土砂生产中，希望使用黏结力强的膨润土，这样可减少膨润土的使用量，降低砂型的含泥量，减少型砂吸水物质，从而减少铸件气孔、粘砂及型砂表面水蒸气突然爆炸造成砂粒脱落和金属液表面氧化粘砂等缺陷。

　　涂料涂覆在型腔和砂芯表面，以改善其表面耐火度、化学稳定性、抗金属冲刷性、抗粘砂性等，主要作用为避免因机械粘砂和化学粘砂而增大铸件表面粗糙度值；防止或减少铸件产生与砂型、砂芯有关的其他铸造缺陷或质量问题；用不同涂料来减缓或加快铸件表面冷却速度或制造某种界面效应，并改善铸件表面性能和内在质量。

涂料的性能主要包括物理性能、工艺性能和工作性能等。物理性能有密度、固体含量、条件黏度；工艺性能有涂刷性、不流淌性、流平性、渗透性、悬浮性及流变特性等；工作性能主要是指涂层的耐磨性、发气性、涂层烘干抗裂性、高温热爆抗裂性、抗粘砂性等。密度的大小反映涂料固体含量的高低，对涂料的工艺性能和工作性能都有很大的影响。

1.3　造型材料性能检测的必要性

造型材料及其混合后的型砂质量直接关系到铸件质量和铸造生产的经济效益，造型材料的性能检测一直受到铸造企业的关注。

对于型砂的有些性能指标，小幅度波动会立即引起其他性能的波动，从而造成铸件的缺陷，产生大量的废品。例如，在湿型黏土砂中，砂型紧实率的变化会引起型砂造型性能的变化，以及含水量、湿压强度、透气性的变化，可能产生砂眼、气孔、粘砂等缺陷。新砂、膨润土、煤粉等材料的品质和加入量在一定范围内改变时，对砂型的含泥量、热湿拉强度、发气量等会产生一定的影响。在呋喃树脂砂中，原砂的含水量对呋喃树脂砂的强度有一定的影响，原砂中水分越多，硬化性能越差，24h 树脂砂强度也越低。对于原砂含水量超过规定值的原砂，必须重新进行干燥后才能使用。

基于这些，铸造企业及造型材料生产企业都需要对造型材料的性能进行有序、科学的检测，同时也应对各项性能指标的检测方法进行规范与熟练操作，以保证在采购与生产过程中获得各项性能指标一致的造型材料。

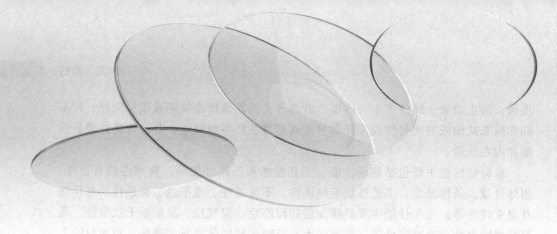

第2章 铸造原砂的性能检测

2.1 概述

自然界中砂和土都是岩石的风化物，它们常常是混杂在一起的，其中还包含一些其他杂质。在铸造中，将直径≤20μm的颗粒称为泥分，将直径>20μm的颗粒称为砂。在砂和土的混合物中，泥分的质量分数大于50%的称为泥，反之为砂。

铸造原砂通常分为两类，即硅砂和非硅质砂。硅砂理论上是指矿相为石英的SiO_2颗粒，由粒径为0.020~3.350mm的石英颗粒组成；硅砂以外的砂统称为非硅质砂，也称特种砂，作为铸造用原砂的非硅质砂，主要有锆砂、镁砂、橄榄石砂、铬铁矿砂、熔融陶瓷砂、烧结陶瓷砂、刚玉砂等。铸造原砂（根据化学成分）分类见表2-1。

表 2-1 铸造原砂（根据化学成分）分类

原砂类型		主要化学成分
硅砂		SiO_2
特种砂	锆砂	$ZrSiO_4$
	镁砂	$MgCO_3$
	橄榄石砂	$(Mg,Fe)_2SiO_4$
	铬铁矿砂	$FeO \cdot Cr_2O_3$
	熔融陶瓷砂（宝珠砂）	Al_2O_3
	烧结陶瓷砂	SiO_2、Al_2O_3
	刚玉砂	Al_2O_3
	钛铁矿砂、碳质砂等	

2.2 硅砂的性能检测

铸造用硅砂是指以石英为主要矿物成分，粒径为 0.02 ~ 3.35mm 的耐火颗粒物。

2.2.1 取样

同批铸造用原砂宜选取平均样品。散装原砂的平均样品是在火车车厢、船舱、汽车、砂库及砂堆中，从离边缘和表面 200 ~ 300mm 的各个角及中心部位，用取样器选取；袋装原砂的平均样品由同一批量百分之一的袋中选取，但不得少于 3 袋，其总质量不得少于 5kg（同时根据检测项目的不同可做适量的增加）。如果根据外观观察，对某一部分原砂的质量有疑问时，应单独取样和检验，不选择结块（可以明显看出砂粒的聚集）的，并且要除去可见杂质。

选取的样品必须注明其名称、批号、产地、采样日期及采样人姓名；对有疑问的样品，检验后，剩余的样品应保存 3 个月，以备复查。

选取的样品应置于密封塑料袋或非金属有盖容器中。

2.2.2 二氧化硅含量

（1）盐酸一次脱水质量——钼蓝吸光光度联用法

1）定义。试样用碳酸钠熔融分解，以盐酸溶解熔块，并蒸发干涸使硅酸脱水，加入盐酸溶解可溶性盐类，过滤并灼烧成二氧化硅，然后用氢氟酸处理，使硅以四氟化硅的形式逸出，氢氟酸处理前后的质量差，即为沉淀中的二氧化硅量，用钼蓝吸光光度法测定滤液中残余的二氧化硅量，两者相加即为试样中二氧化硅的含量。

2）试剂和材料。无水碳酸钠；盐酸；氢氟酸；95%乙醇；盐酸（1+1）；盐酸（1+11）；盐酸（5+95）；硫酸（1+1）；5%硫氰酸钾溶液；1%硝酸银溶液；2%氟化钾溶液；2%硼酸溶液；20%氢氧化钾溶液，贮存于塑料瓶中；5%钼酸铵溶液；2%抗坏血酸溶液；用时现配；5g/L 的对硝基苯酚指示剂乙醇溶液。

0.1mg/mL 二氧化硅标准溶液，准确称取 0.1000g 预先经 1000℃灼烧 1h 的二氧化硅（基准试剂）于铂坩埚中，加 2g 无水碳酸钠，混匀，先低温加热，逐渐升高温度至 1000℃，以得到透明熔体，冷却，置于塑料烧杯中；用沸水浸取并用水洗出坩埚，冷却至室温，移入 1000mL 容量瓶中，以水稀释至标线，摇匀，贮存于塑料瓶中。

3）装置。精度为 0.0001g 的分析天平；30 ~ 100mL 的铂坩埚；高温箱式电阻炉；5mL、10mL、25mL 的 A 类单刻度移液管；100mL、250mL 的 A 类容量瓶；

电烘箱；分光光度计。

4）试样制备。试样必须具有代表性和均匀性，没有外来杂质混入。测定试样用四分法缩分（若粒度过大，则应先粉碎至0.8mm以下，用磁铁除去粉碎过程中引入的铁后，再缩分），最后得到约20g试样，研磨至全部通过75μm筛。将上述试样置于称量瓶内，于105～110℃烘干2h，然后放入干燥器中，冷却后备用。

5）试验方法。试验溶液的制备：称取0.5g试样（精确至0.0001g），置于铂坩埚中，加1.5g无水碳酸钠，与试样混匀，再加0.5g无水碳酸钠覆盖表面，置于高温箱式电阻炉中；从低温开始逐渐升温至1000～1050℃，并在此温度下保持15～20min；用包有铂金头的坩埚钳夹持铂坩埚，小心旋转，使熔融物均匀地贴附于铂坩埚的内壁，冷却；盖上表面皿，加20mL盐酸（1+1）溶解熔块；将铂坩埚置于水浴上，加热至碳酸盐完全分解；当不再冒气泡时取下，用热水洗净表面皿，除去表面皿，再将铂坩埚置于水浴上蒸发至干，然后置于电烘箱内，于130℃干燥1h。

冷却，加5mL盐酸，放置5min，加约20mL热水，搅拌使盐酸溶解；加入适量滤纸浆搅拌，用中速定量滤纸过滤，滤液及洗涤液用250mL容量瓶承接；以热盐酸（5+95）洗涤铂坩埚壁及沉淀至无铁离子（用硫氰酸钾溶液检查），继续用热水洗涤至无氯离子（用硝酸银溶液检查）。

将沉淀和滤纸一并移入铂坩埚，在沉淀上滴加2滴硫酸；在电炉上低温烘干，然后移入高温炉中，逐渐升高温度，使滤纸充分灰化，最后于1150～1200℃灼烧1h，在干燥器中冷却至室温，称量；反复灼烧，直至恒重（两次灼烧称量的差值≤0.0002g）。

将沉淀用水润湿，加3滴硫酸和5～7mL氢氟酸，在低温炉上蒸发至干，重复处理一次，继续加热至冒尽三氧化硫白烟为止；将坩埚于1150～1200℃灼烧15min，在干燥器中冷却至室温，称重，反复灼烧，直至恒重（两次灼烧称量的差值≤0.0002g）。

试样的测定：将上述滤液用水稀释至标线，摇匀；移取25mL于100mL塑料杯中，加5mL氟化钾溶液，摇匀，放置10min，加5mL硼酸溶液，加1滴对硝基苯酚指示剂乙醇溶液，滴加氢氧化钾，至溶液变黄；加8mL盐酸（1+11），转入100mL容量瓶中，加8mL乙醇溶液，5mL钼酸铵溶液，摇匀，于30～50℃的温水中放置5～10min，冷却至室温；加15mL盐酸（1+1），用水稀释至近90mL，加5mL抗坏血酸溶液，用水稀释至标线，摇匀，1h后，以试剂空白溶液作参比，选用0.5cm比色皿，在波长680～700nm处测定溶液的吸光度。

工作曲线的绘制：在7个100mL容量瓶中，分别加入8mL盐酸（1+11）及10mL水，摇匀，依次移入0.00mL、1.00mL、2.00mL、3.00mL、4.00mL、

5.00mL、6.00mL 二氧化硅标准溶液，并各加 8mL 乙醇溶液，以下操作按分析步骤进行，测定吸光度，绘制工作曲线。

6）计算。二氧化硅含量 X_1（质量分数，%）的计算公式如下：

$$X_1 = \frac{(m_1 - m_2) + C_1 \times 10}{m_3} \times 100 \qquad (2\text{-}1)$$

式中　m_1——氢氟酸处理前沉淀与铂坩埚的质量（g）；

　　　m_2——氢氟酸处理后沉淀与铂坩埚的质量（g）；

　　　C_1——从工作曲线上查得的二氧化硅的质量（g）；

　　　m_3——试样的质量（g）。

实验室之间分析结果的绝对差值应不大于 0.50%。

（2）氢氟酸挥散法

1）定义。对于二氧化硅含量 95% 以上的硅砂试样，经灼烧恒重后，用硝酸和氢氟酸处理，使硅以四氟化硅的形式逸出，再灼烧至恒重，失重质量即为二氧化硅含量。

2）试剂和材料。硝酸；氢氟酸。

3）装置。精度为 0.0001g 的分析天平；30~100mL 的铂坩埚；高温箱式电阻炉。

4）试样制备。同方法一（盐酸一次脱水质量——钼蓝吸光光度联用法）。

5）试验方法。

① 称取约 1g 试样，精确至 0.0001g，置于已恒重（两次灼烧称量的差值≤0.0002g）的铂坩埚中，然后放入高温炉，从低温开始逐渐升温至 950~1000℃，保温 1h，取出稍冷，立即放入干燥器中，冷却至室温，称重。重复灼烧，每 15min 称重一次，直至恒重（两次灼烧称量的差值≤0.0002g）。

② 将灼烧后的试样，加数滴水润湿，加 5mL 硝酸及 5~8mL 氢氟酸，盖上坩埚盖并使其稍留有缝隙，在低温电炉上不沸腾的情况下，加热 30min（此时试液应澄清），用少量水洗净坩埚盖，继续加热蒸发至干，取下，冷却；再加 5mL 硝酸，5mL 氢氟酸，重新蒸发至干，然后沿坩壁加入 5mL 硝酸，再蒸发至干，同样用硝酸处理两次，最后升温至不再释放出氧化氮为止。将铂坩埚移入高温箱式电阻炉内，初以低温，再于 1000~1050℃ 灼烧 30min，取出置于干燥器中，冷却至室温，称量，如此反复灼烧（每次灼烧 15min）直至恒重。同时做空白试验。

6）计算。二氧化硅含量 X_2（质量分数，%）的计算公式如下：

$$X_2 = \frac{m_4 - m_5 + m_6}{m_7} \times 100 \qquad (2\text{-}2)$$

式中　m_4——灼烧后试样与坩埚的质量（g）；

　　　m_5——氢氟酸处理后的残渣与坩埚的质量（g）；

m_6——空白试验残渣的质量（g）；

m_7——试样的质量（g）。

实验室之间分析结果的绝对差值应不大于 0.50%。

2.2.3 其他氧化物含量

硅砂及特种砂中氧化铝、氧化铁、氧化钛、氧化钙、氧化镁、氧化钾及氧化钠含量测定参考 GB/T 7143—2010《铸造用硅砂化学分析方法》。

2.2.4 含水量

（1）定义 砂样烘干后失去的质量与原砂样质量的百分比为含水量。

（2）装置 红外线烘干器；电烘箱；天平，精度为 0.01g。

（3）试样的制备 试样从样品中选取，选取试样的方法采用"四分法"或分样器，不得少于 1kg。

（4）试验方法 测定含水量采用快速法或恒重法。

1）快速法。称取约 20g 试样，精确至 0.01g，放入盛砂盘中，均匀铺平；将盛砂盘置于红外线烘干器内，于 110~170℃ 烘干 6~10min，置于干燥器内，冷却至室温后，进行称量。

2）恒重法。称取试样 50g±0.01g 置于玻璃器皿内，在温度为 105~110℃ 的电烘箱内烘干至恒重（烘 30min 后，称其质量，然后每烘 15min 称量一次，直到相邻两次之间的差值不超过 0.02g，即为恒重），置于干燥器内，冷却至室温后，进行称量。

（5）计算 含水量 X（质量分数，%）的计算公式如下：

$$X = \frac{G_1 - G_2}{G_1} \times 100 \qquad (2\text{-}3)$$

式中 G_1——烘干前试样的质量（g）；

G_2——烘干后试样的质量（g）。

（6）注意事项 为了保证取样均匀，防止试料偏析，最好称取未经烘干的硅砂，另外测定其含水量和折算出经烘干砂样的真实质量。

2.2.5 含泥量

（1）定义 铸造用硅砂中将粒径≤20μm 颗粒的质量占砂样总质量的百分比称为硅砂的含泥量。

（2）装置 600mL 专用洗砂杯；涡洗式洗砂机：搅拌叶片材质为硅橡胶，厚度为 5mm，直径为 21mm；电烘箱；精度为 0.01g 的天平；5%分析纯焦磷酸钠溶液试剂。

（3）试样的制备 试样从样品中选取，选取试样的方法采用"四分法"或分样器，不得少于1kg，然后继续采用"四分法"，直至试样质量为100g左右，并于105~110℃烘干至恒重。

（4）试验方法

1）称取烘干的试样50g±0.01g，放入容量为600mL的专用洗砂杯中，加入390mL蒸馏水和10mL溶度为5%的焦磷酸钠溶液；在电炉上加热，从杯底产生气泡能带动砂粒时开始计时，煮沸约4min，冷却至室温（测定旧砂含泥量时，如不需进行粒度测定，可称取试样20g±0.01g）。

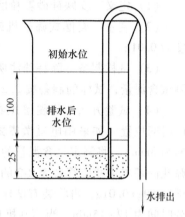

图2-1 虹吸排水

2）将洗砂杯放置于洗砂机托盘上锁紧，搅拌15min，取下洗砂杯，再加入清水至标准高度（125mm处），用玻璃棒搅拌约30s后，静置10min，虹吸排水（见图2-1）。

3）第2次仍加入清水至标准高度（125mm处），用玻璃棒搅拌约30s后，静置10min，虹吸排水。

4）第3次以后的操作与第2次相同，但每次仅静置5min，然后虹吸排水（若测试结果要求非常精确，可根据表2-2所列的不同水温选择静置时间）。这样反复多次，直至洗砂杯中的水达到透明不再带有泥分为止。

表2-2 不同水温的静置时间

水温/℃	10	12	14	16	18	20	22	24
静置时间/s	340	330	315	300	290	280	270	255

5）最后一次将洗砂杯中的清水排出后，将试样和剩余的水倒入直径为100mm左右的玻璃漏斗中过滤；将试样连同滤纸置于玻璃皿中，在电烘箱中烘干至恒重（在温度为105~110℃的条件下烘60min后，称其质量，然后每烘15min称量一次，直到相邻两次之间的差值不超过0.01g，即为恒重）；烘干后置于干燥器内，等待冷却。

（5）计算 含泥量 X_2（质量分数，%）的计算公式如下：

$$X_2 = \frac{G_1 - G_2}{G_1} \times 100 \qquad (2\text{-}4)$$

式中 G_1——试验前试样的质量（g）；

G_2——试验后试样的质量（g）。

（6）注意事项　盛有硅砂的洗砂烧杯在加热煮沸时，最易强烈震动和蹦跳。因此，应当在垫有石棉网垫和装有调压器的盘式电热炉上加热。开始沸腾时，应及时降低电压，并在沸腾时注意用手扶持烧杯，以免烧杯跌落摔碎。

2.2.6　粒度

（1）定义　反映硅砂颗粒度的大小及分布状态。

（2）装置　震摆式筛砂机或电磁微震式筛砂机；铸造用试验筛；天平，精度为 0.01g。

（3）试样制备　除特殊注明外，应选取测定过含泥量的烘干试样。若不需测试含泥量，试样的制备按 2.2.5 小节含泥量的试样制备规定执行。

（4）试验方法　将震摆式或电磁微震式筛砂机的定时器设置到筛分所需要的时间位置（如采用电磁微震式筛砂机筛分时，要旋动振频和振幅旋钮，使振幅为 3mm）。将测定过含泥量的试样放在全套的铸造用试验筛（其型号、筛号与筛孔的基本尺寸应符合表 2-3 的规定）上，若采用未经测定含泥量的试样，称取试样 50g±0.01g，再将装有试样的全套筛子紧固在筛砂机上，然后进行筛分。筛分时间为 12~15min。当筛砂机自动停止时，松动紧固手柄，取下试验筛，依次将每一个筛子以及底盘上遗留的砂子，分别倒在光滑的纸上，并用软毛刷仔细地从筛网的反面刷下夹在网孔中的砂子，然后称量每个筛子上的砂粒质量。

表 2-3　铸造用试验筛型号、筛号与筛孔的基本尺寸

型号	SBS01	SBS02	SBS03	SBS04	SBS05	SBS06
筛号	6	12	20	30	40	50
筛孔尺寸/mm	3.350	1.700	0.850	0.600	0.425	0.300
型号	SBS07	SBS08	SBS09	SBS10	SBS11	—
筛号	70	100	140	200	270	底盘
筛孔尺寸/mm	0.212	0.150	0.106	0.075	0.053	—

粒度组成按每个筛子上砂子质量占试样总质量的百分比进行计算。将每个筛子及底盘上的砂子质量与含泥量计算公式中含泥量试验前后试样的质量差（$G_1 - G_2$）相加，其总质量不应超过 50g±0.01g，否则试验应重新进行。

（5）硅砂粒度的表示方法

1）标准法。按 GB/T 9442 的规定，计算出筛分后各筛上停留量占砂样总量的质量分数，若其中相邻三筛停留量质量分数不少于 75% 或四筛停留量不少于 85%，则视此三筛或四筛为该砂的主要粒度组成，再从表 2-3 中查得相应的分组代号，即为该砂样的粒度代号，如 70/140、50/140。

2）平均细度（也称 AFS 细度）法。

① 定义。各筛上停留的砂粒质量占砂样总量的百分数，乘以不同筛号所对应的细度因数（见表2-4），然后将各乘积相加，用乘积总和除以各筛号停留砂粒质量百分数的总和，并将所得数值根据数值修约规则取整，即为平均细度。

表2-4 不同筛号所对应的细度因数

筛号	6	12	20	30	40	50	70	100	140	200	270	底盘
细度因数	3	5	10	20	30	40	50	70	100	140	200	300

② 计算。平均细度以 m 表示，计算公式如下：

$$m = \frac{\sum p_n X_n}{\sum p_n}$$

(2-5)

式中　p_n——任一筛上停留砂粒质量占总量的百分数；

　　　X_n——细度因数；

　　　n——筛号。

平均细度的计算示例见表2-5。

表2-5 平均细度筛号系数及计算示例

筛号	各筛上的停留量		细度因数	乘积
砂样质量：50.0g 泥分质量：0.56g 砂粒质量：49.44g				
	质量/g	占总量的百分数(%)		
6	无	0.00	3	0
12	0.06	0.12	5	0.6
20	1.79	3.58	10	35.8
30	4.99	9.98	20	199.6
40	7.09	14.18	30	425.4
50	12.85	25.70	40	1028.0
70	15.57	31.14	50	1557.0
100	3.97	7.94	70	555.8
140	1.85	3.70	100	370.0
200	0.79	1.58	140	221.2
270	0.09	0.18	200	36.0
底盘	0.39	0.78	300	234.0
总和	49.44	98.88	—	4663.4

$$AFS\ 细度 = \frac{4663.4}{98.88} = 47$$

2.2.7 颗粒形状

对芯砂而言,砂粒形状对强度的影响最为显著,因此最好使用圆整光滑的硅砂制芯。对湿型砂而言,虽然硅砂形状越圆滑,就越容易紧实,黏结强度就更高,但是提高湿型砂强度主要是靠增加膨润土及水量,因此硅砂形状反而是次要因素。硅砂颗粒形状分级见表2-6。

表 2-6 硅砂颗粒形状分级

形状	圆形	椭圆形	钝角形	方角形	尖角形
分级代号	○	○-□	□	□-△	△
角形因数	≤1.15	≤1.30	≤1.45	≤1.63	>1.63

2.2.8 角形因数

(1)定义 原砂的实际比表面积与理论比表面积之比称为原砂的角形因数。

(2)装置 天平;铸造用试验筛;震摆式筛砂机或电磁微震式筛砂机;秒表;比表面积测定仪。

(3)试验方法

1)实际比表面积测定。称取除泥并烘干后的砂样50g±0.01g,将其倒入测定仪的试管中,轻轻敲打试管,直至砂子的体积不再减少为止,记录体积V(mL),测量砂柱的高度h(cm),然后将试管固定在试座上并密封。打开开关,按下"复位"按钮,再按"吸气"按钮,使液面至M1处,测定仪的数码管自动清零,此时按下"试验"按钮,当液面下降至M2时,数码管开始计时,液面下降至M3时,计时停止,记录下数码管计时时间,一次测试结束。连续测试5次,舍去记录的最大值和最小值,计算平均时间t。

比表面积测定仪如图2-2所示。

实际比表面积以S_W(cm²/g)表示,计算公式如下:

$$S_W = \frac{1}{D}\sqrt{\frac{\varepsilon^3}{h}}K\sqrt{t} \qquad (2\text{-}6)$$

式中 D——砂柱体积质量(g/cm³),$D=50/V$;

  ε——砂粒孔隙率,$\varepsilon=1-D/2.64$;

  h——砂柱高度(cm);

  K——仪器常数;

  t——测量的平均时间(s)。

图 2-2 比表面积测定仪

2）理论比表面积的测定。原砂的理论比表面积测定方法详见 GB/T 9442—2010。原砂的理论比表面积是在假定砂粒为球形且同一筛号的砂粒具有相同直径的条件下，通过筛分和计算得出的单位质量原砂所具有的表面积。

首先，计算出筛分后各筛号上的砂粒质量占砂样总量的百分数，再乘以从表 2-7 中查得的表面积系数 k_1，然后将各筛号的乘积相加，用总和除以各筛号砂粒质量百分数的总和，结果即为理论比表面积 S_T（cm^2/g）。

表 2-7　筛号与对应的比表面积系数

筛号	6	12	20	30	40	50
表面积系数 k_1	—	9.00	17.83	31.35	44.35	62.70
筛号	70	100	140	200	270	底盘
表面积系数 k_1	88.78	125.57	177.56	251.13	355.11	622.67

$$k_1 = \frac{6}{D_i d} \tag{2-7}$$

式中　k_1——表面积系数；

D——相邻两筛筛孔边长平均值（cm）；

d——铸造用硅砂体积质量（g/cm^3），取 2.64g/cm^3。

理论比表面积以 S_T（cm^2/g）表示，计算公式如下：

$$S_T = \frac{\sum Q_i}{m} \tag{2-8}$$

式中　Q_i——第 i 筛上的停留砂粒质量与该筛号砂比表面积系数之积（cm^2）；

m——砂样总质量（g）。

（4）计算　根据求出的实际比表面积和理论比表面积，计算角形因数 S，公式如下：

$$S = \frac{S_W}{S_T} \tag{2-9}$$

式中　S_W——实际比表面积（cm^2/g）；

S_T——理论比表面积（cm^2/g）。

2.2.9　酸耗值

（1）定义　铸造用砂的酸耗值反映了铸造用砂中碱性物质的含量，用中和 50g 铸造用砂中的碱性物质所需浓度为 0.1mol/L 盐酸标准滴定溶液的体积（mL）来表示。

（2）试剂和材料 使用分析纯的试剂和三级水。盐酸［7647-01-0］标准滴定溶液，$c(HCl) = 0.1mol/L$；氢氧化钠［1310-73-2］标准滴定溶液，$c(NaOH) = 0.1mol/L$；1g/L溴百里香酚蓝指示液。

（3）装置 磁力搅拌器；50mL滴定管；50mL移液管；300mL烧杯；ϕ320mm表面皿；250mL锥形瓶；中速滤纸。

（4）试样制备 试样从样品中选取，选取试样的方法采用"四分法"或分样器，不得少于1kg，然后继续采用"四分法"，直至试样质量为200g左右，并于105~110℃烘干至恒重。

（5）试验方法 称取50g±0.01g试样，置于300mL烧杯中，加入50mL蒸馏水（pH=7），然后用移液管加入50mL浓度为0.1mol/L的盐酸标准滴定溶液，用表面皿将烧杯盖上，在磁力搅拌器上搅拌5min，然后静置1h。用中速滤纸把溶液滤入250mL的锥形瓶中，并用蒸馏水洗涤砂样品5次，每次10mL。滤液中加入3~4滴溴百里香酚蓝指示液，用0.1mol/L的氢氧化钠标准滴定溶液滴定，摇晃，至蓝色保持30s为终点。

（6）计算 酸耗值（mL）的计算公式如下：

$$酸耗值 = (50c_1 - c_2V) \times 10 \qquad (2-10)$$

式中 V——消耗氢氧化钠标准滴定溶液的体积（mL）；

$\quad c_1$——盐酸标准滴定溶液浓度（mol/L）；

$\quad c_2$——氢氧化钠标准滴定溶液浓度（mol/L）；

$\quad 50$——加入盐酸标准滴定溶液的体积（mL）；

$\quad 10$——消耗1mol的NaOH相当于0.1mol/L的HCl标准滴定溶液的体积（mL/mmol）。

2.2.10 烧结点

（1）定义 原砂的烧结点表示原砂颗粒表面或砂粒间混杂物开始熔化的温度。

（2）装置 当烧结温度低于1350℃时，用碳硅棒管式炉，试样放在普通瓷舟中；当烧结温度高于1350℃时，用管式碳粒炉，试样放在石英瓷舟或白金舟中。

（3）试验方法 取烘干的砂样放入瓷舟中（约占瓷舟容积的1/2），将其缓缓推入已达到预定温度（一般从1000℃开始试验）的炉膛中，保温5min后，拉出瓷舟，冷却后用小针刺划试样表面。用放大镜观察，如砂粒彼此连接不能分开、表面光洁，则该试验温度即为该原砂的烧结点。如果砂样并未烧结，则重新试验，并将温度逐次提高50℃。重复上述操作，直至原砂烧结为止。

2.2.11 耐火度

（1）定义 将硅砂的试验锥与已知耐火度的标准测温锥一起栽在锥台上，在规定的条件下加热并比较试验锥与标准测温锥的弯倒状态，或通过热电偶直接测量试验锥弯倒时的温度来表示试验锥的耐火度。原砂耐火度检测按 GB/T 7322—2017《耐火材料 耐火度试验方法》执行。

（2）装置 立式管状炉或箱式炉；摄像系统，包括光学透镜、摄像机、图像处理系统；标准测温锥；锥台；试验锥成型模具；热电偶及测温仪表；试验筛；光学高温计。

（3）试样制备

1）试验锥的制备。按 GB/T 4513.2—2017《不定形耐火材料 第2部分：取样》和 GB/T 17617—2018《耐火原料抽样检验规则》抽取样品。试样粉碎至 2mm 以下，缩减至 $15\sim20g$，在研钵中磨碎至全部通过 $180\mu m$ 筛。粉状试样用有机黏结剂（通常为糊精）黏合，在模具（见图2-3）中成型为生料试验锥，再经 $1000℃$ 预烧成试验锥。

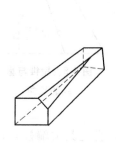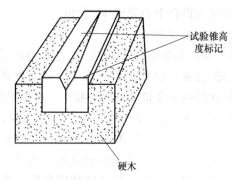

试验锥高度标记

硬木

a) 模具分开后的左半片   b) 模具装配图

图 2-3 试验锥的成型模具

2）标准测温锥的选择。用比较法测耐火度时，按表2-8规定配置标准测温锥；用直读法测耐火度时，可以参照比较法配置标准测温锥来校验设备。

表 2-8 标准测温锥的配置

标准测温锥的配置	圆形锥台	矩形锥台
估计或预测相当于试样耐火度的标准测温锥（N）的个数	2	2
比标准测温锥（N）低一号的标准测温锥（N-1）的个数	1	2
比标准测温锥（N）高一号的标准测温锥（N+1）的个数	1	2

3）锥台的配备。根据锥台种类将2个试验锥和标准测温锥置于锥台上，按

图 2-4 所示的形式来排列顺序。锥与锥应保留足够的空间，以确保锥弯倒时不受障碍。试验锥和标准测温锥底部插入锥台上的孔穴，并用耐火泥固定。

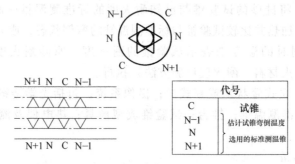

图 2-4 标准测温锥和试验锥在锥台上的排列

栽锥时，应使标准测温锥的标号面和试验锥的相应面均面向锥台中心排列，且使该面相对的棱向外倾斜与垂线成 8°±1°夹角，如图 2-5 所示。为了便于观测，采用矩形锥台电子成像时，标准测温锥的标号面和试验锥的相应面可与锥台中心线成 45°夹角。

（4）试验方法

1）比较测量法（仲裁法）。把栽有试验锥和标准测温锥的锥台置入试验炉内。在 1.5~2h 内把炉温升至比试样估计的耐火度低 200℃的温度。再按平均 2.5℃/min 匀速升温（相当于 2 个相邻的 CN 标准测温锥大约在 8min 内先后弯倒），炉温在任何时刻与规定的升温曲线

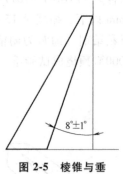

图 2-5 棱锥与垂线的夹角

的偏差应小于 10℃，直至试验结束。当任一试验锥弯倒，直至其尖端接触锥台时，应立即观察标准测温锥的弯倒程度，直至最末一个标准测温锥或试验锥弯倒，即停止试验。如果在试验过程中没有观测到试验锥在预计的标准锥温度范围内弯倒，可以在试验锥快弯倒时，用光学高温计或热电偶高温计测量试验锥的弯倒温度，以决定下次试验用的标准测温锥。

从炉中取出锥台，用试验锥与标准锥的尖端同时接触锥台的标准测温锥的锥号表示试验锥的耐火度；当试验锥的弯倒介于两个相邻标准测温锥之间时，用这两个标准测温锥号表示试验锥的耐火度。

2）直接测量法。同一试样的试验锥应不少于 2 支，把试验锥和锥台放入试验炉内。在 1.5~2h 内把炉温升至比试样估计的耐火度低 200℃的温度。再按平均 2.5℃/min 匀速升温，炉温在任何时刻与规定的升温曲线的偏差应小于 10℃，直至试验结束。当任一试验锥弯倒，直至其尖端接触锥台时，应立刻通过摄像系统记录图像，同时记录测温热电偶的温度，直至所有试验锥或标准测温锥弯倒，

即停止试验。

记录 2 个试验锥尖端接触锥台时对应的温度，并计算其平均值。只要有任一试验锥或标准测温锥弯倒不正常或者 2 个试验锥的弯倒偏差大于 10℃，试验都应重做。

2.3 特种砂的性能检测

除硅砂外的各种铸造用砂皆称为特种砂。与硅砂相比，特种砂大多具有耐火度高、导热性好、热膨胀小、抗熔渣侵蚀能力强等特点。

2.3.1 锆砂的性能检测

（1）定义 锆砂是一种以硅酸锆（$ZrSiO_4$）为主要成分的矿物，外观为无色的锥柱形细颗粒，常存在于海砂中，与硅砂、金红石、钛铁矿、独居石、磷钇矿等伴生。纯的锆砂是从海砂中经过重力选矿去除杂质、磁力选矿去除含铁杂质、电力选矿去除放射性物质等工艺精选出来的，其出品率仅为千分之几，所以锆砂价格较高。

（2）特性 锆砂的密度为 $4.6 \sim 4.7 \mathrm{g/cm}^3$，莫氏硬度为 $7 \sim 8$ 级，熔点为 $2200 \sim 2400℃$，含有杂质时熔点下降为 $2200℃$。锆砂除有很高的耐火度外，还具有比硅砂高的导热性和小的热膨胀性。锆砂在高温状态下表现为中性至弱酸性，与碱性渣反应缓慢，与熔融碱反应很快，与熔融的酸和氧化物（SiO_2）反应缓慢，适应性很广。锆砂通常用作大型铸钢件厚壁处和各种合金铸件的面砂，以及抗粘砂的涂料、涂膏。

（3）技术指标 JB/T 9223—2013《铸造用锆砂、粉》规定，铸造用锆砂、粉按其化学成分分为 3 个等级，见表 2-9。铸造用锆砂中水的质量分数不大于 0.2%，酸耗值不大于 5mL。

表 2-9 铸造用锆砂、粉按二氧化锆（铪）含量的分级及其化学成分

分级代号	化学成分（质量分数,%）					
	$(Zr, Hf)O_2$	SiO_2	TiO_2	Fe_2O_3	Al_2O_3	P_2O_5
	≥			>		
66	66.00	33.00	0.15	0.10	0.80	0.15
65	65.00	33.00	0.30	0.20	1.50	0.20
63	63.00	33.50	0.50	0.30	2.00	0.20

（4）试验方法

1）氧化钛、氧化铝、氧化钙、二氧化硅的检测按 GB/T 7143—2010《铸造

用硅砂化学分析方法》执行。

2）水分、酸耗值的检测按 GB/T 2684—2009《铸造用砂及混合料试验方法》执行。

2.3.2 镁砂的性能检测

（1）定义　镁砂的主要成分为 MgO，由天然菱镁矿石（$MgCO_3$）经高温煅烧而得的烧结块，再经破碎、筛选而成。铸造用的镁砂必须是经过 1550～1600℃煅烧的所谓烧死的镁砂，因经高温煅烧后使 MgO 结晶生成方镁石，颗粒致密坚硬，不会水化，高温使用时不再发生收缩。

（2）特性　镁砂的密度为 3.5g/cm³ 左右，纯镁砂的熔点为 2800℃，镁砂中也常含有 CaO、Fe_2O_3、MnO 等杂质，故其熔点一般低于 2000℃。镁砂的热膨胀量小，没有因相变引起的体积突变。镁砂适用于做高锰钢铸件的型、芯砂的涂料、涂膏；对于铸造过程中热应力很大的型、芯，也可以采用镁砂。

（3）技术指标　普通镁砂的技术指标见表 2-10。

表 2-10　普通镁砂的技术指标

牌号	化学成分（质量分数，%）			灼烧减量（质量分数，%）≤	CaO/SiO_2（质量比）≥	颗粒体积密度/(g/cm³)≥
	MgO ≥	SiO_2 ≤	CaO >			
MS-98A	98.0	0.3	—	0.3	3	3.40
MS-98B	97.7	0.4	—	0.3	2	3.35
MS-98C	97.5	0.4	1.6	0.3	2	3.30
MS-97A	97.0	0.6	1.6	0.3	—	3.20
MS-97B	97.0	0.8	1.6	0.3	—	3.33
MS-96	96.0	1.6	—	0.3	—	3.26
MS-95A	95.0	2.2	1.8	0.3	—	3.25
MS-94	93.0	3.0	1.8	0.3	—	3.20
MS-92	92.0	4.0	1.8	0.3	—	3.18
MS-90	90.0	4.8	2.8	0.3	—	3.18
MS-88	88.0	4.0	5.0	0.5	—	—
MS-87	87.0	7.0	2.0	0.5	—	3.20
MS-84	84.0	9.0	2.0	0.5	—	3.20
MS-83	83.0	5.0	5.0	0.8	—	—

（4）试验方法

1）氧化镁、氧化钙、二氧化硅的检测按 GB/T 7143—2010《铸造用硅砂化学分析方法》执行。

2）含水量、含泥量、灼烧减量的检测按 GB/T 2684—2009《铸造用砂及混合料试验方法》执行。

2.3.3 橄榄石砂的性能检测

（1）定义 铸造用的橄榄石砂主要是镁橄榄石（Mg_2SiO_4）与铁橄榄石（Fe_2SiO_4）形成的固溶矿物（Mg,Fe）$_2SiO_4$。镁橄榄石的耐火度为 1910℃，铁橄榄石砂的耐火度为 1700~1800℃。

（2）特性 橄榄石砂的密度为 3.2~3.6g/cm³，莫氏硬度为 6~7 级，热膨胀量较硅砂小，且均匀膨胀，无相变。橄榄石砂不含游离 SiO_2，故无硅尘危害，且不与铁和锰的氧化物反应，故具有较强的抗金属氧化物侵蚀的能力，是一种较好的造型材料。

橄榄石砂可用作中型铸钢件，特别是高锰钢铸件的面砂。V 法造型生产高锰钢铸件，如炉箅、道岔等，国内外多采用橄榄石砂。

（3）技术指标 JB/T 6985—1993《铸造用镁橄榄石砂》规定，铸造用镁橄榄石砂、粉根据其化学成分和物理性能的不同分为两级，见表 2-11。高耐火度橄榄石砂的 FeO 质量分数应不大于 10%。

表 2-11 铸造用镁橄榄石砂、粉按化学成分和物理性能分级

分级代号	化学成分(质量分数,%)				灼烧减量（%）	含水量（%）	含泥量（%）	耐火度/℃
	MgO	SiO_2	Fe_2O_3	CaO				
一级	≥47	≤40	≤10	≤2	≤1.5	≤0.3	≤0.5	≥1690
二级	≥44	≤42	≤10	≤2	≤3.0	≤0.3	≤0.5	≥1690

（4）试验方法

1）氧化镁、氧化铁、氧化钙、二氧化硅的检测按 GB/T 7143—2010《铸造用硅砂化学分析方法》执行。

2）含水量、含泥量、灼烧减量的检测按 GB/T 2684—2009《铸造用砂及混合料试验方法》执行。

3）耐火度按 GB/T 7322—2017《耐火材料 耐火度试验方法》执行。

2.3.4 铬铁矿砂的性能检测

（1）定义 铬铁矿砂属于铬尖晶石类矿物，主要组成为 $FeO \cdot Cr_2O_3$，产于盐基性岩或富镁的超基性岩或由它演变的蛇纹岩中，实际的矿物由各种尖晶石的混晶组成。一般可以用化学式（Mg,Fe）$O \cdot$（Cr,Al,Fe）$_2O_3$ 表示。

（2）特性　铬铁矿砂的密度为 $4\sim4.8g/cm^3$，莫氏硬度为 5.5~6 级，熔点为 1800~1900℃，含杂质时其耐火度将降低。铬铁矿砂有很好的抗碱性渣的作用，不与氧化铁等发生化学反应。铬铁矿砂的热导率比硅砂大好几倍，而且在熔融金属浇注的过程中，铬铁矿本身发生固相烧结，从而有利于防止熔融金属的渗透。

铬铁矿砂主要用作大型铸钢件和各种合金钢铸件的型（芯）面砂和抗粘砂涂料、涂膏。

（3）技术指标　JB/T 6984—2013《铸造用铬铁矿砂》规定了铬铁矿砂的化学成分，见表 2-12。

表 2-12　铸造用铬铁矿砂的化学成分　　　　　（质量分数，%）

三氧化二铬（Cr_2O_3）	全铁（ΣFe）	二氧化硅（SiO_2）	氧化钙（CaO）
≥46	≤27	≤0.4	75.3

（4）试验方法

1）氧化铬、氧化钙、二氧化硅的检测按 GB/T 7143—2010《铸造用硅砂化学分析方法》执行。

2）含水量、含泥量的检测按 GB/T 2684—2009《铸造用砂及混合料试验方法》执行。

2.3.5　熔融陶瓷砂（宝珠砂）的性能检测

（1）定义　熔融陶瓷砂是用高氧化铝含量的铝矾土黏土矿物经过熔融生成的近似球形的人造铸造用砂，其矿物组成为莫来石相与少量刚玉相。熔融陶瓷砂也称宝珠砂。

（2）特性　宝珠砂比普通硅砂具有更高的耐火度和近似球形的粒形，因此在很多领域得到了应用。例如，用于制造砂型生产铸钢件，制造复杂砂芯，可提高铸件的表面质量；在消失模铸造工艺中可用作填充砂、铸造涂料的耐火骨料；还可以作为砂型（砂芯）3D 打印用砂。宝珠砂在砂型铸造中还可以提高旧砂再生回用的比例，减少废砂排放和对环境的污染，减少铸造成本。

（3）技术指标　宝珠砂的主要理化性能见表 2-13。

表 2-13　宝珠砂的主要理化性能

主要成分 （质量分数，%）	角形因数	堆积密度 /（g/cm³）	莫氏硬度 /级	耐火度 /℃	热膨胀系数（20~600℃） /（10^{-6}/K）	pH 值
$Al_2O_3\geqslant75$ $Fe_2O_3\leqslant3$	1.06	2.0	7.5	≥1800	7.2	7.0~8.0

（4）试验方法

1）氧化铁、氧化铝的检测按 GB/T 7143—2010《铸造用硅砂化学分析方法》执行。

2）角形因数的检测按 GB/T 9442—2010《铸造用硅砂》执行。

3）pH 值的检测按 GB/T 9724—2007《化学试剂　pH 值测定通则》执行。

4）堆积密度的检测按 GB/T 14684—2011《建设用砂》执行。

5）耐火度检测按 GB/T 7322—2017《耐火材料　耐火度试验方法》执行。

2.3.6　烧结陶瓷砂的性能检测

（1）定义　烧结陶瓷砂是以焦宝石（硬质黏土）矿物为原料，经过破碎、制粉、成分调配、造粒、烧结、分级和级配等工序获得的球形人造烧结陶瓷砂，其主要矿物相组成是莫来石。

（2）特性　烧结陶瓷砂在覆膜砂工艺和自硬树脂砂工艺铸钢件的生产中得到了应用，也可以作为砂型（砂芯）3D 打印用砂和铸造涂料的耐火骨料。所生产铸件的质量可从几千克至几十吨，铸件的材质既有碳钢也有不锈钢等合金钢。烧结陶瓷砂用于 3D 打印时，其砂型、砂芯的性能也比硅砂提高很多。

（3）技术指标　烧结陶瓷砂的主要化学成分见表 2-14，主要性能指标见表 2-15。

表 2-14　烧结陶瓷砂的主要化学成分

生产单位	牌号	主要化学成分（质量分数，%）				
		Al_2O_3	SiO_2	Fe_2O_3	TiO_2	其他
甲公司	CPS-1	≥45.0	≤52.0	<3.0	<1.5	<2.5
	CPS-2	≥50.0	≤47.0	<1.5	<1.5	<2.0
乙公司	3#CC-3	≥53.0	≤34.0	<3.5	<3	<2.5

表 2-15　烧结陶瓷砂的主要性能指标

生产单位	牌号	含泥量（%）	耐火度/℃	角形因数	酸耗值/mL	热膨胀系数（室温~1200℃）/(10^{-6}/K)	热导率（1100℃）/[W/(m·K)]
甲公司	CPS-1	≤0.15	1750	≤1.15	≤3.5	4.5~6.5	0.257
	CPS-2		>1780				0.335
乙公司	3#CC-3	—	≥1800	≤1.10	≤2	4.5~6.5	

（4）试验方法

1）含泥量、酸耗值的检测按 GB/T 2684—2009《铸造用砂及混合料试验方法》执行。

2）角形因数的检测按 GB/T 9442—2010《铸造用硅砂》执行。

3）耐火度检测按 GB/T 7322—2017《耐火材料 耐火度试验方法》执行。

4）氧化铁、氧化铝、氧化钛、二氧化硅的检测按 GB/T 7143—2010《铸造用硅砂化学分析方法》执行。

2.3.7 刚玉砂的性能检测

（1）定义 刚玉砂是高铝矾土经粉碎、洗涤后在电炉内于 2000~2400℃ 高温下熔炼而制得的，或以优质氧化铝粉经电熔再结晶而制得。铸造用的刚玉砂有白刚玉和棕刚玉两种，其 Al_2O_3 的质量分数前者大于等于 97%，后者大于等于 92.5%。

（2）特性 刚玉的密度为 3.85~3.9g/cm³，莫氏硬度大于 9 级，熔点为 2000~2050℃，热导率大，高温时体积稳定且不易龟裂。刚玉砂适用于制作大型铸钢件，特别是合金钢铸件的型、芯面砂、涂膏和涂料。

（3）技术指标 GB/T 2479—2022《普通磨料 白刚玉》和 GB/T 2478—2022《普通磨料 棕刚玉》规定，刚玉的粒度和化学成分应分别符合表 2-16 与表 2-17 的要求。

表 2-16 普通磨料白刚玉砂的技术指标

牌号	粒度范围		化学成分（质量分数，%）	
			Al_2O_3	Na_2O
			≥	≤
WA	F4~F80	P12~P80	99.20	0.30
	F90~F150	P100~P150	99.20	0.35
	F180~F220	P180~P220	98.70	0.40
	F230~F800（J240~J1500）	P240~P1500	98.50	0.50
	F1000~F1200（J2000~J2500）	P2000~P2500	98.30	0.60
	J3000~J8000	—	97.60	0.80
WA-B	F4~F80		99.10	0.40
	F90~F150		99.10	0.50
	F180~F220		98.70	0.50
	F230~F800（J240~J1500）		98.50	0.50
	F1000~F1200（J2000~J2500）		98.30	0.60
	J3000~J8000	—	97.60	0.80

表 2-17　普通磨料棕刚玉砂的技术指标

牌号	粒度范围		化学成分（质量分数，%）				
			Al_2O_3	TiO_2	CaO	SiO_2	Fe_2O_3
A	F4～F24	P12～P24	94.50～96.50	2.00～3.40	≤0.42	≤1.00	≤0.250
	F30～F80	P30～P80	95.00～96.50				
	F90～F150	P100～P150	94.50～96.50				
	F180～F220	P180～P220	94.00～96.50	2.00～3.60	≤0.45		
	F230～F800 （J240～J1500）	P240～P1500	≥93.50	2.00～3.80		≤1.20	
	F1000～F1200 （J2000～J2500）	P2000～P2500	≥93.00	≤0.40	≤0.50	≤1.40	
A-B	F4～F80	—	≥94.00	2.20～3.80	≤0.45	≤1.20	—
	F90～F220	—	≥93.00	2.50～4.00	≤0.50	≤1.50	
	F230～F800 （J240～J1500）	—	≥92.50	≤4.20	≤0.60	≤1.80	
	F1000～F1200 （J2000～J2500）	—	≥92.00			≤2.00	
A-S	16～220		≥93.00	—	—	—	

（4）试验方法

1）氧化铁、氧化铝、氧化钛、二氧化硅的检测按 GB/T 7143—2010《铸造用硅砂化学分析方法》执行。

2）含水量、含泥量、灼烧减量的检测按 GB/T 2684—2009《铸造用砂及混合料试验方法》执行。

思　考　题

1. 铸造上将颗粒直径>20μm 的岩石风化物称为砂，砂有哪些性能指标？

2. 简述原砂含泥量性能检测的操作步骤。

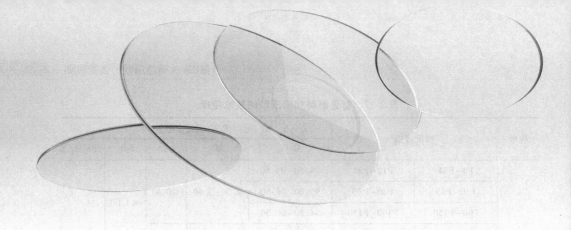

第3章 湿型黏土砂及其原材料的性能检测

3.1 概述

黏土砂型主要由原砂、黏土、附加物（煤粉、淀粉等）和水组成。

造型过程中，型砂在外力作用下成型并达到一定的紧实度，从而成为砂型。它是由原砂和黏结剂（必要时还加入一些附加物）组成的一种具有一定强度的微孔-多孔隙体系，又称为毛细管多孔隙体系。湿型中原砂是骨干材料，占型砂总量的 85%～90%；黏结剂起黏结砂粒的作用，以黏结膜形式包覆砂粒，使型砂具有必要的强度和韧性；附加物是为了改善型砂所需要的性能而加入的物质。

湿型砂按造型时的情况可分为面砂、背砂和单一砂。面砂是指特殊配制的在造型时铺覆在模样表面上构成型腔表面层的型砂。背砂是在模样上覆盖面砂后，填充砂箱用的型砂。在砂型浇注时，面砂直接与高温金属液接触，它对铸件品质有重要影响。一般中小件造型时，往往不分面砂与背砂，只用一种型砂，称为单一砂。使用单一砂能够简化型砂的管理和造型的操作过程，提高造型生产率。但是，如果对铸件品质要求较高，单一砂的性能不能满足要求时，可以使用面砂。

目前，湿型砂造型是使用最广泛的、最方便的造型方法，占所有砂型使用量的 60%～70%，但是这种方法还不适合轮廓尺寸很大或壁很厚的铸件。

3.2 膨润土的性能检测

铸造用膨润土主要由晶层为三层型结构的黏土矿物组成，主要成分为蒙脱石矿物，其化学式为 $Al_2O_3 \cdot 4SiO_2 \cdot nH_2O$。蒙脱石具有较强吸水膨胀性、胶体分散性、吸附性、离子交换性和湿态黏结性，是湿型铸造良好的黏结剂。根据蒙脱石结晶中吸附的交换性阳离子的不同，膨润土分为钙基土和钠基土。我国钙基膨润土储量较大且分布较广；钠基土储量较小，且埋于地下深处，开采困难，成本较高。经过人工钠化处理可以提高钙基土的热湿拉强度和热稳定性。目前，国内膨润土人工钠化工艺成熟，质量稳定，指标达到或接近了天然钠土的水平，所以大多数湿型砂铸造均使用人工钠化膨润土。评判膨润土质量好坏的指标，主要是其湿压强度和热湿拉强度。目前铸造膨润土执行的行业标准是 JB/T 9227—2013《铸造用膨润土》，该标准对膨润土的分类、技术要求、试验方法、检测规则等做出了规定。

3.2.1　取样

按照 JB/T 9227—2013《铸造用膨润土》的规定，同一批交收的膨润土按随机取样。取样数不低于 $\sqrt{n/2}$，n 为交货袋数，每批取样不得少于 2 个样品，从每袋中取出的样品不得少于 1kg。然后由"四分法"获得试验用料。

3.2.2　含水量

（1）定义　试样在一定温度下干燥至恒重，失去吸附水的质量与原试样质量之比，即为含水量（结果以%表示）。

（2）装置　电烘箱，温度控制范围为 50~300℃；红外线烘干器；天平，精度为 0.01g。

（3）试验方法

1）快速法。称取约 20g 试样，精确至 0.01g，放入盛砂盘中，均匀铺平，将盛砂盘置于红外线烘干器内，于 110~170℃烘干 6~10min，置于干燥器内，待冷却至室温时，进行称量。

2）恒重法。称取试样 50g±0.01g，置于玻璃皿中并铺平，在 105~110℃的电烘箱中烘干至恒重（烘 30min 后，称其质量，然后每烘 15min 称量一次，直到相邻两次之间的差值不超过 0.02g，即为恒重），取出后置于干燥器内，冷却至室温后进行称量计算。

（4）计算　含水量以 X（%）表示，计算公式如下：

$$X = \frac{G_1 - G_2}{G_1} \times 100 \qquad (3\text{-}1)$$

式中　G_1——烘干前的试样质量（g）；

　　　G_2——烘干后的试样质量（g）。

注：含水量检测也可用卤素快速水分测定仪。

3.2.3 粒度

（1）定义 经过粉碎加工的膨润土，烘干后进行 200 号干筛分析，计算其通过率。

（2）装置 天平，精度为 0.01g；电烘箱，可控温度为 50~300℃；铸造用试验筛 SBS10。

（3）试验方法 称取烘干后的膨润土试样 20g±0.01g，放入干燥的铸造用试验筛 SBS10（即 200 号筛，筛孔尺寸为 0.075mm）中加盖，水平移动筛子，过筛时间为 15~20min，若过筛性能不好，可用木块轻击筛框下端，给筛网以振动，充分筛分后，称量筛上剩余物的质量。

也可将烘干称好的试样放在震摆式筛砂机上，自动筛分后称重计算。

（4）计算 过筛率以 S（%）表示，计算公式如下：

$$S = \frac{m_1 - m_2}{m_1} \times 100 \tag{3-2}$$

式中 m_1——过筛前试样质量（g）；

m_2——筛上剩余物质量（g）。

注：在环境湿度大时，膨润土过筛比较困难，可将膨润土和筛子一同在 105~110℃ 鼓风干燥箱中加热后趁热过筛，冷却后称量。

3.2.4 膨润值

（1）定义 膨润土与水充分混合后，加入一定量电解质盐类，所形成的凝胶体体积（mL），称为膨润值。膨润值的大小，可以用来判断膨润土的属性和热湿黏结力。

（2）装置 100mL 的具塞量筒，直径为 25mm；天平，精度为 0.01g；电烘箱，可控温度为 50~300℃；5mL 的移液管；干燥器。

（3）试剂和材料 氯化铵溶液，分析纯，1mol/L；蒸馏水。

（4）试验方法

1）称取已烘干的膨润土试样 3.00g±0.01g，加入已有 50~60mL 蒸馏水的具塞量筒中（钙基膨润土可一次加入，钠基膨润土则需多次加入），盖紧塞子后用力摇动，使膨润土在水中均匀分散。如有小团块，应延长摇动时间，直到团块消失为止。

2）打开量筒，加入浓度为 1mol/L 的氯化铵溶液 5mL，并加蒸馏水至 100mL 满刻度，摇动 1min 后，使之成均匀的悬浮液。静置 24h 后，读出沉淀物界面的刻度值。测定结果取平行测定结果的算术平均值，2 次平行测定的绝对误差不得大于2mL。测定优质钠基膨润土时，试样质量可减为2g或1g。

3.2.5　吸蓝量

（1）定义　膨润土在水溶液中吸附亚甲基蓝的能力称为吸蓝量。以100g试样吸附的亚甲基蓝克数表示。

（2）试剂和材料　浓度为0.002g/mL亚甲基蓝溶液，准确称取2g分析纯亚甲基蓝并充分溶解于蒸馏水，在1000mL容量瓶中用蒸馏水稀释至刻度并摇晃均匀，倒入棕色玻璃瓶中储存备用。亚甲基蓝为分析纯三水亚甲基蓝，相对分子质量为373.9，试剂在使用前应一直在干燥器中密封避光储存。焦磷酸钠溶液1%浓度（分析纯）。

（3）装置　ZMV黏土吸蓝量试验仪（或A级滴定管，磁力搅拌器）；天平，精度为0.001g；温度控制范围为50~300℃的鼓风干燥箱；中速定量滤纸；可调温电炉。

（4）试验方法

1）称取烘干的铸造用膨润土试样0.200g±0.001g，置于已加入50mL蒸馏水的250mL锥形烧瓶中，使其预先润湿，然后加入1%浓度的焦磷酸钠溶液20mL，摇匀后在电炉上加热煮沸5min，在空气中冷却至室温。

2）用滴定管向试样溶液中滴加亚甲基蓝溶液。滴定时，第一次可加入预计滴入的亚甲基蓝溶液的2/3左右，摇晃1min使其充分反应，并用玻璃棒沾一滴试液在中速定量滤纸上，观察深蓝色斑点周围是否出现淡蓝色晕环，若未出现，则继续滴加亚甲基蓝溶液，每次可滴1~2mL，摇晃30s后再观察是否有淡蓝色晕环出现，当开始出现淡蓝色晕环时，继续摇晃2min，再用玻璃棒蘸取试液到中速定量滤纸上，观察是否出现淡蓝色晕环，若淡蓝色不再出现说明未到终点，应继续滴加亚甲基蓝溶液（每次滴加0.5~1.0mL），若摇晃2min后仍保持明显的淡蓝色晕环（晕环宽度为0.5~1.0mm）说明已到试验终点，记录滴定体积。吸蓝量终点判断示意如图3-1所示。

（5）计算　吸蓝量以M_B（g/100g）表示，计算公式如下：

$$M_B = \frac{cV}{m} \times 100 \tag{3-3}$$

式中　c——亚甲基蓝溶液浓度（g/mL）；

V——亚甲基蓝溶液滴定量（mL）；

m——试样质量（g）；

100——每克膨润土吸蓝量换算成100g膨润土吸蓝量的系数。

测定结果取平行测定结果的算术平均值，两次平均测定的相对偏差应不大于2%。

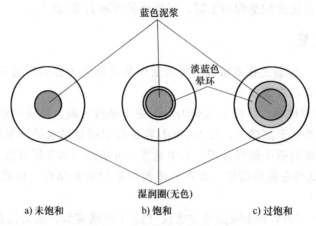

图 3-1 吸蓝量终点判断示意

注：配制滴定用亚甲基蓝试剂不可烘干，以免受热变质。

3.2.6 阳离子交换容量和交换性阳离子含量

（1）定义　用氯化钡溶液处理膨润土，钡离子与膨润土中交换性阳离子发生等量交换，交换出的阳离子用原子吸收分光光度计测定钠、钾、钙和镁的含量。膨润土中交换性钡与硫酸镁反应，生成硫酸钡沉淀，以消耗加入的标准硫酸镁溶液，从而测定出膨润土的阳离子交换量。

（2）装置　原子吸收分光光度计，波长范围为 190~900nm，火焰原子化器；天平，精度为 0.0001g；电动离心机，相对离心力为 3000g；电动振荡机，往返式，振荡频率为 120 次/min，振幅为 20mm。

（3）试剂和材料　分析中除非另有说明，否则仅使用认可的分析纯试剂和蒸馏水。

氯化钡溶液 $[c(BaCl_2) = 0.1mol/L]$，称取 24.43g 二水氯化钡，溶解并稀释在 1000mL 容量瓶内；氯化钡溶液 $[c(BaCl_2) = 0.0025mol/L]$，量取 25mL、0.1mol/L 氯化钡溶液稀释在 1000mL 容量瓶内；硫酸镁溶液 $[c(MgSO_4) = 0.0200mol/L]$，称取 4.93g 七水硫酸镁，溶解并稀释在 1000mL 容量瓶内。

注：七水硫酸镁结晶有时会失去部分结晶水，可在 pH = 10 的条件下以铬黑 T 为指示剂用 EDTA 标准溶液标定其含量。

（4）试验方法

1）称取 1.00g 已烘干的膨润土样品，放入 50mL 离心试管中，加盖称重（m_1）。加入 30mL 氯化钡溶液，机械振荡 1h，在相对离心力为 3000g 的条件下离心 10min，倒出悬浮液到 100mL 容量瓶；再重复上述过程两次以上，悬浮液都加入到 100mL 容量瓶内，并用氯化钡溶液调整到 100mL 刻度。此为滤液 A。

2）用 30mL 氯化钡溶液分散沉淀膨润土，机械振荡 1h，静置 5h 以上，在相对离心力为 3000g 的条件下离心 10min，倒出上层清液。

3）称量离心试管、沉淀膨润土和盖（m_2），然后加入 30mL 硫酸镁溶液分散沉淀膨润土，机械振荡 1h，静置 5h 以上，在相对离心力为 3000g 的条件下离心 10min，倒出上层清液并经 7cm 直径的滤纸过滤到锥形瓶中。此为滤液 B。

按上述步骤不加膨润土进行试验作为空白对照样。

注：当膨润土阳离子交换量≤40mmol/100g 时，试样称量宜用 2.5g。

（5）阳离子交换量测定

1）试剂和材料。盐酸溶液 [$c(HCl)$＝12mol/L]；镁标准溶液 [$c(Mg)$＝0.0010mol/L]：移取 50.0mL 硫酸镁溶液到 1000mL 容量瓶，用水稀释到 1000mL 刻度；硝酸镧溶液 [$c(La)$＝10mg/L]：称取 15.6mg 六水硝酸镧（相对分子质量为 432.9），加 42mL 盐酸溶液和水溶解，稀释到 1000mL 容量瓶中；镁标准溶液系列：分别移取 0mL、1mL、2mL、3mL、4mL 和 5mL 硫酸镁溶液到相应的 100mL 容量瓶中，并各自加入 10mL 硝酸镧溶液，用水调整至刻度，分别制备 0mmol/L、0.01mmol/L、0.02mmol/L、0.03mmol/L、0.04mmol/L 和 0.05mmol/L 镁标准溶液。在波长 285.2nm 处，用空气乙炔火焰在原子吸收分光光度计上分别测定吸光度，并以镁的浓度为横坐标，吸光度为纵坐标绘制标准工作曲线。

2）试验方法。分别移取锥形瓶中的滤液 B 和对照空白试液 0.2mL 到 100mL 容量瓶，加入 0.3mL 氯化钡溶液和 10mL 硝酸镧溶液，用水稀释到刻度。在波长 285.2nm 处，用空气乙炔火焰在原子吸收分光光度计上分别测定吸光度，并从标准曲线中对照计算出滤液 B 的镁浓度（c_1）和空白试液的镁浓度（c_{b1}）。

3）计算。阳离子交换量以 CEC（mmol/100g）表示，计算公式如下：

$$CEC = \frac{(c_{b1} - c_2) \times 3000}{m} \tag{3-4}$$

$$c_2 = \frac{c_1(30g + m_2 - m_1)}{30g} \tag{3-5}$$

式中　c_{b1}——空白试液的镁浓度（mmol/L）；

　　　c_2——修正后的滤液 B 中的镁浓度（mmol/L）；

　　　m——试样质量（g）；

　　　c_1——滤液 B 中的镁浓度（mmol/L）；

　　　m_1——离心试管与干试样质量（g）；

　　　m_2——离心试管与湿试样质量（g）。

（6）交换性钠和钾离子含量的测定

1）试剂和材料。氯化铯溶液：称取 10g 氯化铯（相对分子质量为 168.4），溶解在少量水中，加入 83mL 盐酸溶液，用水稀释到 1000mL；钾钠储备溶液

$[\rho(K) = 1000mg/L$,$\rho(Na) = 400mg/L]$：研磨氯化钾和氯化钠在 $400\sim500℃$ 烘 8h 或在 $200℃$ 烘 24h，在干燥器中冷却至室温。称取 1.9068g 氯化钾和 1.0168g 氯化钠，一起溶解在少量水中，用水稀释到 1000mL；稀钾钠储备溶液 $[\rho(K) = 100mg/L$,$\rho(Na) = 40mg/L]$：移取 25.0mL 钾钠储备溶液，用水稀释到 250mL；钾钠标准溶液系列：分别移取 0mL、5mL、10mL、15mL、20mL 和 25mL 稀钾钠储备溶液至 50mL 容量瓶，并加入 10.0mL 氯化钡溶液和 5.0mL 氯化铯溶液，用水调至刻度，制备分别含有 0mg/L、10mg/L、20mg/L、30mg/L、40mg/L、50mg/L 钾和 0mg/L、4mg/L、8mg/L、12mg/L、16mg/L、20mg/L 钠的标准溶液。在波长 589.0nm 和 766.0nm 处，用空气乙炔火焰在原子吸收分光光度计上分别测定吸光度，并以钠钾的浓度为横坐标，吸光度为纵坐标绘制标准工作曲线。

2）试验方法。分别移取滤液 A 和对照空白试液 2.0mL 到试管，加入 1.0mL 氯化铯溶液，随后加入 7.0mL 水，在波长 589.0nm 和 766.0nm 处，用空气乙炔火焰在原子吸收分光光度计上分别测定滤液 A 和对照空白试液的吸光度，并从标准曲线中对照计算出滤液 A 的钠含量 (ρ_3) 和钾含量 (ρ_4)，以及空白试液中的钠含量 (ρ_{b3}) 和钾含量 (ρ_{b4})。

3）计算。交换性钠离子含量 b（Na）（mmol/100g）和钾离子含量 b（K）（mmol/100g）的计算公式如下：

$$b(Na) = \frac{2.1749(\rho_3 - \rho_{b3})}{m} \tag{3-6}$$

$$b(K) = \frac{1.2788(\rho_4 - \rho_{b4})}{m} \tag{3-7}$$

式中 ρ_3——滤液 A 的钠含量（mg/L）；

ρ_4——滤液 A 的钾含量（mg/L）；

ρ_{b3}——空白试液的钠含量（mg/L）；

ρ_{b4}——空白试液的钾含量（mg/L）；

m——试样质量（g）。

（7）交换性钙和镁离子含量的测定

1）试剂和材料。盐酸溶液 $[c(HCl) = 4mol/L]$：移取 330mL 盐酸溶液用水稀释到 1000mL；氯化镁溶液 $[\rho(Mg) = 100mg/L]$：称取 0.836g 六水氯化镁，溶解在少量水里，稀释到 1000mL；氯化钙溶液 $[\rho(Ca) = 1000mg/L]$：称取已在 400℃ 烘 2h 处理的碳酸钙 2.497g 到 1000mL 烧杯，用 12.5mL 盐酸溶液溶解，煮沸去除二氧化碳，冷却到室温，稀释至 1000mL；混合钙镁溶液 $[\rho(Mg) = 5mg/L$,$\rho(Ca) = 50mg/L]$：分别移取 5.0mL 氯化镁溶液和 5.0mL 氯化钙溶液，一起放入 100mL 容量瓶中并用水稀释至刻度；钙镁标准溶液系列：分别移取 0mL、

2mL、4mL、6mL、8mL 和 10mL 混合钙镁溶液至 100mL 容量瓶，并加入 10.0mL 氯化钡溶液和 10mL 硝酸镧溶液，用水稀释至刻度，制备分别含有 0mg/L、0.1mg/L、0.2mg/L、0.3mg/L、0.4mg/L 和 0.5mg/L 镁和 0mg/L、1mg/L、2mg/L、3mg/L、4mg/L 和 5mg/L 钙的标准溶液。在波长 285.2nm 和 422.7nm 处，用空气乙炔火焰在原子吸收分光光度计上分别测定吸光度，并以钙镁的浓度为横坐标，吸光度为纵坐标绘制标准工作曲线。

2）试验方法。分别移取容量瓶中的滤液 A 和对照空白试液各 1.0mL 放入试管，加入 1.0mL 硝酸镧溶液，随后加入 8.0mL 水，在波长 285.2nm 和 422.7nm 处，用空气乙炔火焰通过原子吸收分光光度计分别测定滤液 A 和对照空白试液的吸光度，并从标准曲线中求得稀释滤液 A 的钙含量（ρ_5）和镁含量（ρ_6）及稀释空白试液中的钙含量（ρ_{b5}）和镁含量（ρ_{b6}）。

3）计算。交换性钙离子含量 b（Ca）（mmol/100g）和镁离子含量 b（Mg）（mmol/100g）的计算公式如下：

$$b(\text{Ca}) = \frac{8.2288(\rho_5 - \rho_{b5})}{m} \tag{3-8}$$

$$b(\text{Mg}) = \frac{4.9903(\rho_6 - \rho_{b6})}{m} \tag{3-9}$$

式中　ρ_5——滤液 A 的钙含量（mg/L）；

ρ_6——滤液 A 的镁含量（mg/L）；

ρ_{b5}——空白试液的钙含量（mg/L）；

ρ_{b6}——空白试液的镁含量（mg/L）；

m——试样的质量（g）。

3.2.7　膨润土强度试验用混合料的配制

（1）定义　在标准砂中加入一定量的膨润土和水混制成用来检测膨润土强度的型砂。

（2）装置　SHN 型碾轮式混砂机，最大混砂量为 5kg；SAC 型锤击式制样机；天平，精度为 0.1g；台秤，称量为 10kg；电烘箱，可控温度为 50~300℃。

（3）试验方法

1）量取 40mL 水备用，称取 2000g 标准砂放入混砂机内，先加入约 3/4 的水于标准砂中，湿混 1~2min，然后加入已烘干的膨润土 100g，再混制 8min，混制过程中可以视混合料的干湿程度补加适量的水，按 GB/T 2684—2009《铸造用砂及混合料试验方法》测定混合料的紧实率。当紧实率小于 43% 时，可以加入少量水（补加水量可按照每毫升水达到 1.5% 紧实率估计），再混制 2min，然后测定紧实率；若紧实率大于 47%，可将混合料过筛 1~2 次，再测定紧实率，紧实率应控制在 43%~47%。

2）混制好的试验用混合料，应密封存放，防止水分挥发。混合料应在放置 10min 后进行测定，超过 1h 不得使用。

3.2.8 紧实率

（1）定义　紧实率是指湿态混合料在一定紧实力作用下其体积变化的百分比，用于判断型砂适宜的干湿程度。

（2）装置　投砂器；标准试样筒；SAC 型锤击式制样机。

（3）试验方法　将已密封存放的试验混合料，通过带有 6 号筛子的漏斗，落入到有效高度为 120mm 的圆柱形标准试样筒内（筛底至标准试样筒上端面的距离应为 140mm），用刮刀将试样筒上多余的混合料刮去，然后将装有混合料的试样筒在锤击式制样机上冲击 3 次。混合料体积压缩的程度即为紧实率，以百分比表示，其数值可直接从制样机读出。

（4）计算　混合料的紧实率以 V（%）表示，计算公式如下：

$$V = \frac{H_0 - H_1}{H_0} \times 100 \tag{3-10}$$

式中　H_0——混合料紧实前的高度（mm），$H_0 = 120mm$；

　　　H_1——混合料紧实后的高度（mm）。

3.2.9 湿压强度

（1）定义　湿压强度是表示混合料制成的标准试样，在外力作用下，被破坏时单位面积上承受力的大小，其单位为 MPa 或 kPa。湿压强度值的大小可以评价膨润土的湿态黏结能力。

（2）装置　SAC 型锤击式制样机；液压强度试验机（或数显液压强度试验机、XQY-Ⅱ智能型砂强度机）；天平，精度为 0.1g。

（3）试验方法

1）称取 140~150g 已制备好的混合料，均匀装入圆柱形试样筒中（试样筒有效高度为 120mm，直径为 50mm），将该试样筒放在锤击式制样机规定的位置上（即定位孔中），慢慢抬起扳手，使冲头轻轻压入试样筒中，手动连续转动凸轮 3 次，使重锤对混合料冲击 3 次（凸轮的提升高度为 50mm，重锤为 6670g）。此时制样机中心轴上的刻度线应在刻度标尺的 3 条刻度线范围之间（以保证标准试样的直径为 50mm±1mm，高度为 50mm±1mm）。如果高度超出范围，应增加或减少混合料的质量，重新制作试样，直至达到标准高度。

2）按强度试验机使用说明调整、校正试验机。

3）将抗压试验夹具置于试验机上，并将压力表显示回归零位。

4）将标准试样放在夹具上，缓慢而匀速地转动手轮，使试样受力，逐渐加载至试样破裂为止，试样的抗压强度可从压力表上读出。以同样的方法再测定第2个试样强度。

（4）计算 对同一混合料所试验测出的3个强度值，取算术平均值，以3位有效数字表示，参与平均的单值与平均值的相对误差不得超过10%，否则试验重新进行。

3.2.10 热湿拉强度及湿拉强度

（1）定义 将混合料标准试样一端加热，使之形成一定厚度的干砂层及其水分凝聚区（高水区），然后施加压力载荷，测定的标准试样中水分凝聚区的抗拉强度称为热湿拉强度，单位为 kPa。

（2）装置 SAC 型锤击式制样机；ZSL 智能热湿拉测试仪；天平，精度为 0.1g。

（3）试验方法

1）按照热湿拉强度试验仪使用说明书，将试验仪调整至等待工作状态，加热板温度升至 320℃±10℃。

2）称取 140~150g 已制备好的混合料，倒入专用试样筒中，将该试样筒放在锤击式制样机规定位置上冲击3次，使试样达到合格高度（50mm±1mm），然后轻轻地取下试样筒的连接套。

3）将试样和试样筒（连同试样筒环）一同送入热湿拉强度试验仪的试样筒导轨上，并推至导轨的终端。

4）按下测试按钮，试样筒座同时上升并与加热板接触，当加热板对试样进行加热时，计时器开始计时（一般加热时间为20s），加热到预定时间后，试样筒座自行下降，仪器对试样加载、测力、自动记录。测试结束，再按确认键，仪器自动复位。

5）取出试样筒及试样环，观察试样断面是否平整，水分是否比原混合料高。如果试样被拉断的断面平整、水分增多、砂样底表面干层很明显，说明试样加热时间是合适的。如果试样被拉断的断面成凸形，则需延长加热时间。如果试样被拉断的断面成凹形，则需缩短加热时间。

6）常温湿拉强度：常温湿拉强度的测定，同样在型砂热湿拉强度试验仪上进行。在测试时，关闭加热系统。其余操作与热湿拉强度试验相同。

（4）计算 热湿拉强度、常温湿拉强度以3个有效测定值的平均值为最终结果，保留1位小数。如果同一混合料测定的3个试样，其中任何一个数值与平均值相差超过 10%，试验需要重新进行。

3.2.11 膨润土复用性

膨润土的复用性又称为热稳定性，是指在砂型中经高温金属液加热的膨润土再次加入水分后，仍然具有黏结力，能够反复配制型砂的性能。

（1）吸蓝量法

1）装置。天平，精度为 0.001g；ZMV 黏土吸蓝量试验仪（或 A 级滴定管，磁力搅拌器）；可控温度为 550℃ 的马弗炉；中速定量滤纸；可调温电炉；瓷坩埚。

2）试剂和材料。亚甲基蓝（又称为次甲基蓝）溶液（浓度为 0.002g/mL），准确称取 2g 分析纯亚甲基蓝充分溶解于 1000mL 蒸馏水中，在 1000mL 容量瓶中用蒸馏水稀释至刻度并摇晃均匀，倒入棕色玻璃瓶中储存备用。亚甲基蓝为分析纯三水亚甲基蓝，相对分子质量为 373.9，试剂在使用前应一直在干燥器中密封避光储存；分析纯焦磷酸钠溶液为 1% 浓度。

3）试验方法。

① 称取 5g 膨润土试样置于瓷坩埚中。

② 将盛有膨润土的瓷坩埚，放入已升温至 550℃ 并已保温 60min 的马弗炉中。关闭炉门，待再次升温至 550℃ 后保温 60min。取出后在空气中冷却 5~10min，然后放入干燥器内冷却至室温。

③ 称取 550℃ 焙烧后冷却至室温的铸造用膨润土试样 0.200g±0.001g，置于已加入 50mL 蒸馏水的 250mL 锥形烧瓶中，使其预先润湿，然后加入 1% 浓度的焦磷酸钠溶液 20mL，摇匀后在电炉上加热煮沸 5min，在空气中冷却至室温。

④ 用滴定管向试样溶液中滴加亚甲基蓝溶液。滴定时，第一次可加入预计滴入的亚甲基蓝溶液的 2/3 左右，摇晃 1min 使其充分反应，并用玻璃棒沾一滴试液在中速定量滤纸上，观察深蓝色斑点周围是否出现淡蓝色晕环，若未出现，则继续滴加亚甲基蓝溶液，每次可滴 1~2mL，摇晃 30s 后再观察是否有淡蓝色晕环出现，当开始出现淡蓝色晕环时，继续摇晃 2min，再用玻璃棒蘸取试液到中速定量滤纸上，观察是否出现淡蓝色晕环，若淡蓝色不再出现说明未到终点，应继续滴加亚甲基蓝溶液（每次滴加 0.5~1mL），若摇晃 2min 后仍保持明显的淡蓝色晕环（晕环宽度为 0.5~1.0mm）说明已到试验终点，记录滴定体积。如图 3-1 所示。

4）计算。复用性以 F_B（%）表示，计算公式如下：

$$F_B = \frac{M_{B1}}{M_B} \times 100 \qquad (3-11)$$

式中 M_{B1}——550℃ 焙烧膨润土的吸蓝量（g/100g）；

M_B——105℃烘干膨润土的吸蓝量（g/100g）。

5）判别。求出焙烧后的吸蓝量与105℃烘干吸蓝量的比值，比值越高，说明复用性越好。

（2）湿压强度法

1）装置。可控温度为600℃的马弗炉；天平，精度为0.1g；250mL蒸发皿。

2）试验方法。

① 称取膨润土试样200g，放入容积为250mL的蒸发皿中，将试样表面轻轻摇平。

② 把盛有膨润土的蒸发皿放入已升温至600℃并保温60min的马弗炉中，关好炉门，待再次升温至600℃时，保温60min，取出后在空气中冷却10~20min，再放入干燥器中冷却至室温。

③ 配制混合料：量取40mL水备用，称取2000g标准砂放入混砂机内，先加入约3/4的水于标准砂中，湿混1~2min，然后加入已烘干的膨润土100g，再混制8min，混制过程中可以视混合料的干湿程度补加适量的水，按GB/T 2684—2009《铸造用砂及混合料试验方法》测定混合料的紧实率。当紧实率小于43%时，可以加入少量水（补加水量可按照每毫升水达到1.5%紧实率估计），再混制2min，然后测定紧实率，若紧实率大于47%，可将混合料过筛1~2次，再测定紧实率，紧实率应控制在43%~47%。

④ 测定混合料的湿压强度：称取140~150g已制备好的混合料，均匀装入圆柱形试样筒中（试样筒有效高度为120mm，直径为50mm），将该试样筒放在锤击式制样机规定的位置上（即定位孔中），慢慢抬起扳手，使冲头轻轻压入试样筒中，手动连续转动凸轮3次，使重锤对混合料冲击3次（凸轮的提升高度为50mm，重锤为6670g）。此时制样机中心轴上的刻度线应在刻度标尺的3条刻度线范围之间（以保证标准试样的直径为50mm±1mm，高度为50mm±1mm）。如果高度超出范围，应增加或减少混合料的质量，重新制作试样，直至达到标准高度。将标准试样放在夹具上，缓慢而匀速地转动手轮，使试样受力，逐渐加载至试样破裂为止，试样的抗压强度可从压力表上读出。以同样的方法再测定第2个试样强度。

3）计算。复用性以F（%）表示，计算公式如下：

$$F=\frac{a_1}{a}\times100 \tag{3-12}$$

式中　a_1——600℃焙烧后膨润土的湿压强度（kPa）；

　　　a——105℃干燥后膨润土的湿压强度（kPa）。

4）判别。求出焙烧后膨润土的湿压强度与105℃干燥后膨润土的湿压强度比值，比值越高，说明复用性越好。

3.2.12 膨润土性能检测过程中的注意事项

1）含水量的测定过程中，烘干至恒重后取出冷却时必须置于干燥器内冷却，否则容易吸收空气中的水分，影响测试结果（特别是湿度比较高的南方地区）。

2）粒度检测过程中，若过筛性能不好，可用软刷轻轻地来回拖动，以充分筛分。

3）购买吸蓝量测定使用的亚甲基蓝试剂时，须选定正规厂家生产的产品，以避免由于试剂成分不稳定而影响吸蓝量的最终滴定结果。另外，选用吸蓝量检测的滴定管须符合 GB/T 12805—2011《实验室玻璃仪器 滴定管》的规定。检测滴定时，应选用中速定量滤纸的光面进行滴定。

4）强度试验混合料配制过程中，应避免混砂机底部、边角积砂。若有积砂，须用铲刀将积砂铲松使其混砂均匀，以避免影响检测结果。

5）强度检测制样时，必须检查制样机凸轮是否严重磨损，检查冲头是否松开（冲头直径<49.2mm 时须更换），并检查制样机凸轮固定螺钉是否松动。

3.3 煤粉的性能检测

铸造用煤粉由挥发分中等的焦煤、肥煤、1/3 焦煤和气肥煤为原料磨制而成，铸铁在湿型砂中加入煤粉可以防止铸件表面粘砂，改善铸铁的表面粗糙度，并减少夹砂缺陷。对于球墨铸铁件来讲，型砂中加入煤粉还能防止产生皮下气孔。目前普遍认为煤粉在型砂中有以下作用：产生还原性气氛，防止铁液表面氧化，减少金属氧化物和型砂进行化学反应的可能性；煤粉受热产生气、液、固三相胶质体，胶质体膨胀部分可以堵塞砂粒间的孔隙，使铁液不易渗入；产生光亮炭，煤粉中的挥发分在 650～1000℃的高温下，析出的一层带光泽的结晶炭，称为光亮炭，使型砂不易受铁液润湿，从而防止粘砂。

JB/T 9222—2008《湿型铸造用煤粉》以光亮炭含量的多少分为 3 个等级：SMF-Ⅰ≥12%、SMF-Ⅱ≥10% 和 SMF-Ⅲ≥7%，相应的挥发分分别为≥30%、≥30% 和≥25%；硫含量分别为≤0.6%、≤0.8% 和≤1%；焦渣特性为 4～6 级，灰分≤7%，水分≤4%。需要指出的是，该标准规定煤粉粒度应 100% 通过 0.15mm 筛孔，95% 以上通过 0.106mm 筛孔。按照现场生产经验，煤粉中有一定停留在 0.15mm 筛上的颗粒并不影响使用。认为粒状煤粉在浇注后起作用时间长，适合较厚的铸件使用，同时在高密度造型线上使用可改善透气性。2018 年，中国铸造协会组织发布了 T/CFA 0202050101.1—2018《湿型砂铸造用粒状煤粉》，此标准在 JB/T 9222—2008 的基础上将粒度分为了粗、中、细 3 个等级，即 0.106mm 筛通过率分别为 ≥50%、≥60% 和 ≥85%（详细数据见具体标准），标准对技术参数进行了细化升级，更有利于铸造厂根据实际生产情况选择。

3.3.1　取样

从同一批量百分之一袋中选取，但不得少于 3 袋。从每袋取样不得少于 50g，然后由"四分法"获得试验用料。

3.3.2　含水量

（1）定义　称取一定量的空气干燥基煤粉，置于 105~110℃ 鼓风干燥箱中，在空气流中干燥到质量恒定，然后根据煤样的质量损失，计算出水分的百分含量。

（2）装置　电烘箱，有自动温控装置以及进出气孔，并能使温度保持在 105~110℃；干燥器；玻璃称量瓶，直径为 40mm，高度为 25mm，带有严密的磨口盖；分析天平，精度为 0.0002g。

（3）试验方法

1）用预先干燥并称量过（精确至 0.0002g）的称量瓶称取粒度为 0.2mm 以下的空气干燥基煤粉 1g±0.1g（精确至 0.0001g），平摊在称量瓶中。

2）打开称量瓶盖，放入已加热到 105~110℃ 的干燥箱中，在一直鼓风条件下干燥 60min。

3）从干燥箱中取出称量瓶，立即盖上盖，在空气中冷却 2~3min 后，放入干燥器中，冷却至室温后称量。

4）进行检查性干燥，每次 30min，直到连续两次干燥煤样的质量减少不超过 0.001g。

（4）计算　空气干燥煤样水分以 M_{ad}（%）表示，计算公式如下：

$$M_{ad} = \frac{m_1}{m_2} \times 100 \tag{3-13}$$

式中　m_1——试样干燥后失去的质量（g）；

　　　m_2——试样的质量（g）。

注：测定煤粉含水量时，按 GB/T 212—2008《煤的工业分析方法》的规定称取煤粉 1g±0.1g，称准至 0.0002g。要称准至 0.0002g，就必须使用精度为 0.0001g 的天平称量。为了方便快捷，铸造厂检测结果一般保留 2 位有效数字，所以也可以使用 0.001g 精度的天平。

煤粉的含水量测定，不可使用测型砂水分的红外线烘干器，红外线烘干器温度一般在 140~160℃，烘干时可能引起煤粉爆燃，同时也可能会损失一部分挥发分。

含水量测定也可用卤素快速水分测定仪测定,具体操作方法参考卤素快速水分测定仪使用说明书。

3.3.3　灰分

(1) 定义　称取一定空气干燥煤粉样,放入马弗炉中,以一定的升温速度加热到 815℃±10℃,灰化并灼烧到质量恒定。灰分含量以残留的质量占煤样质量的百分比表示。

(2) 装置　马弗炉,带有调温装置,能保持在 815℃±10℃,炉膛应具有相应的恒温区,炉门上应有直径约 20mm 的通气孔;灰皿,底长为 45mm,底宽为22mm,高度为 14mm(见图 3-2);干

燥器;分析天平,精度为 0.0001g;耐
热灰皿架。

(3) 试验方法

1) 缓慢灰化法。

① 在预先灼烧并称量的灰皿中,

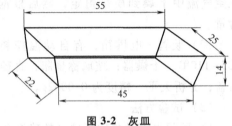

图 3-2　灰皿

称量空气干燥试验煤粉样 1g±0.1g,精确至 0.0002g,放入已加热的马弗炉中(炉温不超过 100℃),关上炉门,在留有15mm 左右的缝隙后升温,要求不少于 30min 缓慢地将炉温升至 500℃,待试样不再冒烟时,关闭炉门,并保温 30min。

② 将马弗炉升温至 815℃,使试样在 815℃±10℃温度下灼烧 60min。

③ 从炉中取出灰皿,在空气中冷却 5min,再放到干燥器中冷却至室温称量(约 20min)。

④ 进行每次 20min 的检查性灼烧,直至试样质量变化小于 0.001g 为止。

2) 快速灰化法。

① 在预先灼烧至质量恒定的灰皿中,称取空气干燥煤粉样 1g±0.1g,放在耐热架上。

② 将马弗炉升温到 850℃,打开炉门,将试样缓慢推入马弗炉中,5~10min后,当试样不再冒烟时关上炉门,并使炉门留有 15mm 左右的缝隙,在 815℃±10℃的温度下灼烧 40min(如试样发生爆燃,试验应作废)。

③ 从炉中取出灰皿,在空气中冷却 5min,再放到干燥器中冷却至室温称量(约 20min)。

④ 进行每次 20min 的检查性灼烧,直至试样质量变化小于 0.001g 为止。

(4) 计算(需确认公式中下标)　空气干燥基灰分 A_{ad}(质量分数,%)的计算公式如下:

$$A_{ad} = \frac{m_1}{m} \times 100 \qquad (3\text{-}14)$$

式中　m_1——恒重后的灼烧残留物质量（g）；

　　　m——试样的质量（g）。

空气干燥基煤粉灰分 A_{ad}（质量分数，%）与干燥基灰分 A_d（质量分数，%）可按式（3-15）换算。

$$A_d = A_{ad} \frac{100}{100 - M_{ad}} \qquad (3\text{-}15)$$

式中　M_{ad}——空气干燥基水分（质量分数，%）。

3.3.4　粒度

（1）仪器　分析天平，精度为 0.001g；干燥箱，应有自动温控装置以及进出气孔，并能使温度保持在 105~110℃；干燥器；铸造用试验筛 SBS9。

（2）试验方法　称取烘干后的煤粉试样 20.000g±0.01g，放入干燥的铸造用试验筛 SBS9（即 140 号筛，筛口尺寸为 0.106mm）中并加盖，水平移动筛子，过筛时间为 15~20min，若过筛性能不好，可用木块轻击筛框下端，给筛网以振动，充分过筛后，称量筛上剩余物的质量。

（3）计算　粒度以 S（%）表示，计算公式如下：

$$S = \frac{m_1 - m_2}{m_1} \times 100 \qquad (3\text{-}16)$$

式中　m_1——过筛前试样质量（g）；

　　　m_2——筛上剩余物质量（g）。

注：煤粉属于轻浮材料，比重较小，不易筛分。因为水分对测试结果影响较大，所以筛分前需要经过干燥箱烘干，筛分时应使用震摆式筛分机。

筛网使用一段时间后会造成部分筛孔堵塞，应定期做新旧筛网筛分比对，测试结果相差 5% 左右时，须更换筛网。

3.3.5　挥发分

（1）定义　试样在一定的温度下，隔绝空气加热一定时间，以减少的质量占试样质量的百分比，减去试样水分即为挥发分。

（2）装置　瓷坩埚（见图 3-3），高度为 40mm，上口外径为 33mm，底径为 18mm，壁厚为 1.5mm，带盖，总质量为 15~20g；马弗炉，带有调温装置，能保持在 900℃±10℃，炉膛恒温区温度应在 900℃±5℃ 以内；坩埚架（见

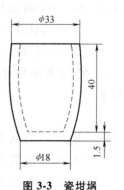

图 3-3　瓷坩埚

图 3-4），要求放在架子上的坩埚底部距炉底 20～30mm；分析天平，精度为 0.0001g；秒表。

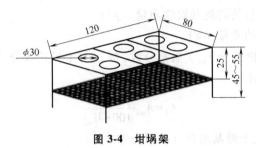

图 3-4　坩埚架

（3）试验方法

1）在预先 900℃下烧至恒重的带盖坩埚中，称取煤粉试样 1g±0.01g，精确至 0.0002g，然后将坩埚轻轻震动，使煤粉铺平后加盖，放在坩埚架上。

2）将马弗炉预先加热到 920℃，打开炉门，迅速将摆好坩埚的架子送入炉内恒温区，关好炉门，使坩埚继续加热 7min，试验开始时，炉温会有所下降，要求 3min 内将炉温恢复到 900℃±10℃，并继续保持此温度至试验结束，否则此试验将作废。加热时间包括温度恢复时间。

3）用坩埚架夹（见图 3-5）从炉内取出坩埚，在空气中冷却 5min 左右，放入干燥器中，冷却至室温后称量（约 20min）。

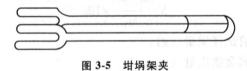

图 3-5　坩埚架夹

（4）计算　试样空气干燥基挥发分 V_{ad}（质量分数，%）的计算公式如下：

$$V_{ad} = \frac{m}{m_1} \times 100 - M_{ad} \tag{3-17}$$

式中　m——试样加热后的减量（g）；

　　　m_1——试样质量（g）；

　　　M_{ad}——试样水分（质量分数，%）。

（5）固定碳的计算　空气干燥基固定碳 FC_{ad}（质量分数，%）的计算公式如下：

$$FC_{ad} = 100 - (M_{ad} + A_{ad} + V_{ad}) \tag{3-18}$$

式中　M_{ad}——空气干燥基水分（质量分数，%）；

　　　A_{ad}——空气干燥基灰分（质量分数，%）；

　　　V_{ad}——空气干燥基挥发分（质量分数，%）。

（6）焦渣特征分类　测定挥发分时所得到的焦渣特征，按下列规定进行分类（一级~八级）。

1）一级：粉状。全部粉状，没有互相黏着的颗粒。

2）二级：黏着。用手指轻碰即成粉状，或基本上是粉状，其中有较大的团块或团粒，轻碰即成粉状。

3）三级：弱黏结。用手指轻压即碎成小块。

4）四级：不熔融黏结。以手指用力压才裂成小块，焦渣上表面无光泽，下表面稍有银白色金属光泽。

5）五级：不膨胀熔融黏结。焦渣形成扁平的饼状，煤粒的界限不易分清，上表面有明显的银白色金属光泽，下表面银白色金属光泽更明显。

6）六级：微膨胀熔融黏结。用手压不碎，焦渣上、下表面均有银白色金属光泽，具有较小的膨胀泡（或小气泡）。

7）七级：膨胀熔融黏结。焦渣上、下表面有银白色金属光泽，明显膨胀，但高度不超过 15mm。

8）八级：强膨胀熔融黏结。焦渣上、下表面有银白色金属光泽，焦渣膨胀高度大于 15mm。

3.3.6　硫含量

（1）定义　将空气干燥煤粉试样与艾士卡试剂（以下简称艾氏剂）混合灼烧，煤中硫生成硫酸盐，然后使硫酸根离子生成硫酸钡沉淀，根据硫酸钡的质量计算试样中全硫的含量。

（2）装置　分析天平，精度为 0.0001g；箱型电炉，能升到 900℃并可调节温度，有进出风口；瓷坩埚，容量为 30mL 和 10~20mL 两种。

（3）试剂和材料　艾氏剂，以 2 份质量的化学纯轻质氧化镁与 1 份质量的化学纯无水碳酸钠混合均匀并研细至粒度小于 0.2mm 后，保存在密封容器中；盐酸溶液，1∶1 水溶液；10%氯化钡溶液；甲基橙溶液，2g/L；硝酸银溶液，10g/L，贮存于深色瓶中，并滴入几滴硝酸。

（4）试验方法

1）在 30mL 坩埚内称取粒度为 0.2mm 以下的空气干燥煤样 1g（全硫含量超过 8%时称取 0.5g，精确至 0.0002g）和艾氏剂 2g，仔细混合均匀，再用 1g 艾氏剂覆盖。

2）将装有煤样的坩埚移入通风良好的高温炉中，在 1~2h 内将电炉从室温逐渐升到 800~850℃，并在该温度下保温 1~2h。

3）将坩埚从电炉中取出，冷却到室温，再将坩埚中的灼烧物用玻璃棒仔细搅松捣碎（如发现有未烧尽煤的黑色颗粒，应在 800~850℃下继续灼烧 0.5h），然后放入 400mL 烧杯中，用热蒸馏水冲洗坩埚内壁，将冲洗液加入烧杯中，再加入 100~150mL 刚煮沸的蒸馏水充分搅拌，如果此时发现尚有未烧尽煤的黑色颗粒漂浮在液面上，则本次测定作废。

4) 用中速定性滤纸以倾泻法过滤，用热蒸馏水冲洗 3 次，然后将残渣移入滤纸中，用热蒸馏水仔细冲洗，其次数不得少于 10 次，洗液总体积为 250~300mL。

5) 向滤液中滴入 2~3 滴甲基橙指示剂，然后加 1:1 盐酸至中性，再过量加入 2mL 盐酸，使溶液呈微酸性。将溶液加热到沸腾，用玻璃棒搅拌，并加入 10%氯化钡溶液 10mL，保持近沸状态约 2h，最后溶液体积为 200mL 左右。

6) 溶液冷却后或静置过夜后用致密无灰定量滤纸过滤，并用热蒸馏水洗至无氯离子为止（用硝酸银溶液检验）。

7) 将沉淀连同滤纸移入已知质量的瓷坩埚中，在低温下灰化滤纸，然后在温度为 800~850℃箱型电炉内灼烧 20~40min，取出坩埚在空气中稍加冷却后，再放入干燥器中冷却至室温称重（20~40min）。

8) 每配制一批艾氏剂或改换其他任一试剂时，应进行空白试验（试验除不加煤样外，全部按步骤 1)~4) 进行），同时测定 2 个以上。硫酸钡沉淀的质量极差不得大于 0.001g，取算术平均值作为空白值。

（5）计算 空气干燥煤样中全硫含量以 $S_{t,ad}$（%）表示，计算公式如下：

$$S_{t,ad} = \left[\frac{(m_1 - m_2) \times 0.1374}{m} \right] \times 100 \tag{3-19}$$

式中 m_1——硫酸钡质量（g）；

       m_2——空白试验的硫酸钡质量（g）；

   0.1374——由硫酸钡换算为硫的系数；

       m——煤样质量（g）。

（6）专用仪器测定硫含量

1) 目前，市场上一种根据 GB/T 214—2007《煤中全硫的测定方法》中库仑法原理生产的"汉字智能定硫仪"，其精度基本能满足铸造厂的生产需求，可使用此仪器检测。

2) 试验方法参考仪器操作说明书。

3.3.7 煤粉光亮炭析出量

（1）定义 煤粉试样在高温热分解时形成的平滑光亮的沉积炭膜称为光亮炭。

（2）装置 石英管，质量为 100g，壁厚为 1.5mm，管内装有石英棉 6g（石英棉在石英管内均匀分布），石英管的使用寿命为 100 次±10 次，石英棉为 30

次；石英坩埚，质量为50g，最大差量为10%，石英管和石英坩埚以磨口形式连接（见图3-6）；支架（用厚度为2mm的耐热钢板制成，尺寸须与石英管尺寸匹配，其大小以不超过恒温区为限，见图3-7）；分析天平，精度为0.0001g；马弗炉，内尺寸（宽×深×高）为300mm×400mm×200mm，带有调温装置，并附有热电偶及高温表；干燥器，其尺寸能容入石英管为宜。

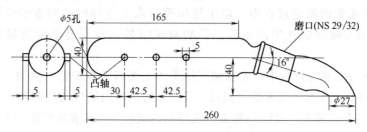

图3-6 光亮炭析出量试验装置

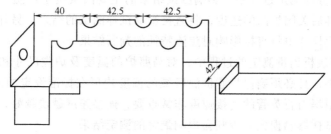

图3-7 耐热钢支架

（3）试验方法 将石英管和石英坩埚的外表面刷洗干净，马弗炉升温到900℃±20℃。石英管和石英坩埚在此温度和通风条件下加热约30min，置入干燥器中冷却30min至室温。称量石英管和石英坩埚的质量，精确至0.0001g。在石英坩埚中称量试样0.1~0.3g，精确至0.0001g，试样质量需使测定后的石英管至少有10%~20%长度未被染色。

先将装有石英棉的石英管置入900℃±20℃的马弗炉中，等石英管被加热到900℃±20℃（约10min），迅速将装有试料的石英坩埚与石英管连接，并在1min内将坩埚夹持牢固以避免爆燃损失，然后关闭炉门。3min内炉温恢复到900℃±20℃，总共5min后取出石英坩埚和石英管，在干燥器中冷却至室温（约30min）后再次称量。

（4）计算 光亮炭析出以GK（%）表示，计算公式如下：

$$GK = \frac{m_2 - m_1}{m} \times 100 \qquad (3-20)$$

式中 m_2——试验后的石英管质量（g）；

　　　m_1——试验前的石英管质量（g）；

m——试样质量（g）。

由于影响光亮炭测定准确性的因素较多，所以测量操作至少应重复 10 次，去掉最大值及最小值，剩余各次测量结果取平均值作为最终的光亮炭检测结果。

3.3.8 煤粉性能检测过程中的注意事项

1）含水量的测定过程中，烘干至恒重后取出冷却时必须置于干燥器内冷却，否则容易吸收空气中的水分，影响测试结果（特别是湿度比较高的南方地区）。

2）灰分的测定过程中，影响测试结果的主要因素是炉温。例如，设定温度最终为 815℃，而实际测定炉膛温度为 795℃时，在同等的灼烧时间内，试样的测定结果就会有偏差。其次，灰皿、试样及灼烧后的灰皿和试样的整个称量过程发生偏差，同样也会影响测试结果。

3）挥发分的测定过程中，影响测试结果的主要因素也是炉温。特别是打开炉门放入试样后关闭炉门的速度，将直接影响试样测试的结果。另外，测试挥发分使用的坩埚尺寸也将直接影响对焦渣特征的判断结果。

4）光亮炭析出量测定的过程中，对马弗炉的温度及炉膛尺寸和炉膛保温性能要求比较高，且必须确保炉膛恒温区域的温度均恒在标准设定的温度范围内。另外，石英坩埚与石英管的连接速度非常重要，连接速度越快越好，且必须夹持牢固，避免试样爆燃损失。否则会影响最终的测定结果。

5）粒度检测过程中，为了充分筛分也可用软刷轻轻地来回拖动给以充分筛分。

3.4 预糊化淀粉的性能检测

用于铸造湿型砂中的淀粉种类主要有 3 种，即普通淀粉、糊精和预糊化淀粉，国内外自动造型线上使用的绝大多数是预糊化淀粉（也称 α 淀粉）。个别工厂在生产铸铁小件时只加预糊化淀粉，不加煤粉，也有一定的抗粘砂效果。同时，湿型砂铸钢件中普遍添加预糊化淀粉来改善型砂的性能。预糊化淀粉可以改善湿型砂的起模性、韧性，降低水分敏感性。普通面粉也有一定作用，但效果不明显。糊精能够提高型砂的韧性，但大大降低了型砂的流动性，不适合在自动造型线上使用。

从铸造厂使用的预糊化淀粉和部分生产预糊化淀粉厂家的产品，结合正在讨论的标准初稿来看，指标应该在以下范围内为佳：根据原淀粉转化成预糊化淀粉的程度分为两个等级，即糊化度 ≥90% 和 ≥70%，5g 淀粉的膨润值对应为 ≥45mL 和 ≥35mL；pH 值为 6~9；水分为 ≤12% 和 ≤15%；灰分为 ≤0.8% 和

≤1.5%；100号筛的通过率应≥90%。

随着我国铸造企业向集中化、自动化和绿色环保发展，高压造型线逐渐增多，预糊化淀粉生产的工艺也在不断地改进和提高，铸造用预糊化淀粉将有更大的发展空间。

3.4.1 取样

铸造用淀粉的取样应从同一批次百分之一袋中选取，不得少于3袋，每袋取样不少于50g。

3.4.2 糊化度

（1）定义 原淀粉在水、热和压力的作用下，淀粉颗粒膨胀转化为预糊化淀粉的质量百分比，称为糊化度，以%表示。

（2）装置 分析天平，精度为0.0001g；恒温水浴器，可控制温度0～100℃，分度值为1℃；锥形瓶；碘价瓶。

（3）试剂和材料 10%硫酸溶液；pH=6.8的磷酸盐缓冲溶液：溶解71.64g磷酸氢二钠于水中，并用水稀释至1L，为甲液，溶解31.21g磷酸二氢钠于水中，并用水稀释至1L，为乙液，取甲液和乙液各50mL，再加入900mL水，混合均匀；β-淀粉酶溶液，60g/L，酶活应大于8万单位，用时现配；钨酸钠溶液，120g/L；碘化钾溶液，100g/L；乙酸盐溶液，将70.0g氯化钾和40.0g硫酸锌溶于水中，加热溶解完全，冷却后加入冰乙酸200mL，混匀后，用水稀释至1L；碱性铁氰化钾溶液，0.1mol/L，将32.9g铁氰化钾和44.0g无水碳酸钠溶于水中，稀释至1L，储存在棕色瓶中；硫代硫酸钠溶液，0.1mol/L；淀粉指示剂，10g/L。

（4）试验方法

1）称取2份1g样品，精确至0.0001g，分别置于2个150mL的锥形瓶中，分别标记为A和B，另外取一个150mL的锥形瓶，不加样品作为空白，标记为C，向这3个瓶中各加入磷酸盐缓冲溶液40mL。

2）将A溶液置于沸水中煮沸20min，然后将锥形瓶迅速冷却到60℃以下。

3）将A溶液、B溶液、C溶液置于40℃±1℃恒温水浴中加热3min，各加入5.0mL的β-淀粉酶溶液，在40℃±1℃保温1h，每隔15min轻轻摇匀1次。

4）将3个锥形瓶从恒温水浴取出，分别加入2.0mL硫酸溶液，摇匀，再加2.0mL钨酸钠溶液，摇匀。分别定量转移至3个100mL容量瓶中，用蒸馏水定容至刻度，摇匀，静置2min，用中速滤纸过滤后作检定液用。

5）各取检定液5.0mL，分别置于3个150mL碘价瓶中，加入15.0mL碱性铁氰化钾溶液，摇匀，置于沸水浴中加热20min，冷却至室温后，缓慢加入

25.0mL 乙酸盐溶液，摇匀，加入 5.0mL 碘化钾溶液，摇匀后，立即用硫代硫酸钠滴定，当溶液颜色变为淡黄色时，加入 2~3 滴淀粉指示剂，直至蓝色消失。

（5）计算 糊化度以 Q（%）表示，计算公式如下：

$$Q = \frac{V_0 - V_1}{V_0 - V_2} \times 100 \qquad (3-21)$$

式中 V_0——空白试验（C 溶液）所消耗的硫代硫酸钠的体积（mL）；

V_1——待测试样（B 溶液）所消耗的硫代硫酸钠的体积（mL）；

V_2——糊化完全时（A 溶液）所消耗的硫代硫酸钠的体积（mL）。

3.4.3 膨润值

（1）定义 淀粉与水充分混合后，形成的凝胶体体积（mL），称为膨润值，以 mL/5g 表示。

（2）装置 天平，精度为 0.01g；100mL、直径为 25mm 的具塞量筒；可控温度为 50~300℃ 的电烘箱；干燥器。

（3）试剂和材料 蒸馏水。

（4）试验方法

1）称取已烘干的淀粉试样 5g±0.01g，加入到已盛有 60~70mL 蒸馏水的量筒中，塞紧量筒塞，手握量筒上下方向用力摇动 5min，使淀粉充分分散，在光亮处观察应无明显颗粒或团块。如有小团块，需延长摇动时间，直到团块消失为止。

2）加入蒸馏水至 100mL 刻度处，摇动 2min 后，使之成均匀的悬浮液。

3）静置在不受震动的平台上，24h 后读出凝胶体体积，以 mL/5g 表示。

3.4.4 堆积密度

（1）定义 试样从锥形漏斗口在一定的高度自由下落充满量筒，测定松散状态下量筒内单位体积试样的质量，即为堆积密度。

（2）装置 堆积密度计，锥形漏斗容积为 120cm^3，量筒容积为 100cm^3；天平，精度为 0.01g；刮片；塞棒。

（3）试验方法 将堆积密度计各部件于试验台上组装，调整水平；称量空量筒质量，记为 m_1；塞棒塞住漏斗流出口，将试样装满锥形漏斗，拔出塞棒使试样自由落到量筒中，待漏斗中的试样全部流出后，用刮片将堆积于量筒上部的试样刮去；把装有试样的量筒放到天平上称量，记为 m_2。

（4）计算 试样堆积密度以 ρ（g/cm^3）表示，计算公式如下：

$$\rho = \frac{m_2 - m_1}{v} \qquad (3-22)$$

式中　　m_1——空量筒质量（g）；

　　　　m_2——试样充满量筒质量（g）；

　　　　v——量筒容积（cm^3）。

注：连续 3 次测定所得的试样质量，最大值与最小值之间应小于 1g，否则进行重复测定，直到最大值与最小值之差小于 1g，取符合要求的 3 次测定的平均值作为测定结果。

3.4.5　pH 值

（1）定义　淀粉在一定量的水中溶解，其酸性的等级称为淀粉的 pH 值。

（2）装置　100mL 的烧杯；pH 计，精度为 0.01，仪器应有温度补偿系统，若无温度补偿系统，应在 20℃ 以下使用，并能防止外界感应电流的影响。

（3）试剂和材料

1）95% 乙醇；蒸馏水或去离子水，用于配制缓冲溶液的水应新煮沸或用不含二氧化碳的氮气排除二氧化碳；邻苯二甲酸氢钾 [$KHC_6H_4(COO)_2$]；磷酸二氢钾（KH_2PO_4）；磷酸氢二钠（Na_2HPO_4）。

2）pH = 4.00 的缓冲溶液（20℃）。于 110~130℃ 将邻苯二甲酸氢钾干燥至恒重，并于干燥器内冷却至室温。称取邻苯二甲酸氢钾 10.211g（精确至 0.001g），加入 800mL 水溶解，用水定容至 1000mL。此溶液的 pH 在 0~10℃ 时为 4.00，在 30℃ 时为 4.01。或者，使用经国家认证并授予标准物质证书的标准溶液。

3）pH = 6.88 的缓冲溶液（20℃）。于 110~130℃ 将无水磷酸二氢钾和无水磷酸氢二钠干燥至恒重，于干燥器内冷却至室温。称取上述磷酸二氢钾 3.402g（精确至 0.001g）和磷酸氢二钠 3.549g（精确至 0.001g），溶于水中，用水定容至 1000mL。此溶液的 pH 在 0℃ 时为 6.98，在 10℃ 时为 6.92，在 30℃ 时为 6.85。或者，使用经国家认证并授予标准物质证书的标准溶液。

（4）试验方法

1）测量前的工作。检查装有盐的玻璃电极；用新配制的 pH 值分别为 4.00 和 6.88 的标准缓冲溶液校正 pH 计；在记录本上记下校正结果。

2）测量。称取 1g 淀粉于 100mL 烧杯中；加入 1mL 95% 乙醇，使淀粉完全分散；加入 98mL 无二氧化碳的蒸馏水，搅拌均匀；用蒸馏水或去离子水清洗电极；测定淀粉溶液的 pH 值；读出显示器 pH 结果；用蒸馏水或去离子水清洗置于试样中的电极。

3）二次测量。重复以上 2）测量的步骤，第 2 次测定 pH 值。

4）测量后的工作。使用完毕，用蒸馏水或去离子水清洗电极并用柔软的纸小心拭干；将电极置于饱和氯化钾溶液中保管。

（5）计算　pH 值以 X 表示，计算公式如下：

$$X = \frac{X_1 + X_2}{2} \qquad (3-23)$$

式中　X_1——第 1 次 pH 测定值；

　　　X_2——第 2 次 pH 测定值。

注：结果取平行试验的算术平均值，最终结果保留 1 位小数。

3.4.6　含水量

（1）定义　淀粉试样，在一定温度下干燥至恒重，失去吸附水的质量与原试样质量之比称为淀粉的含水量，以%表示。

（2）装置　天平，精度为 0.001g；0~300℃干燥电烘箱；称量瓶；干燥器。

（3）试验方法

1）将试样充分混合，用已烘干的称量瓶称取 2 ~ 10g 试样（精确至 0.001g），厚度不超过 10mm，加盖放入 105℃的烘箱内，瓶盖斜支于瓶边烘 2~4h 后盖好取出，置于干燥器中冷却 30min 后称量。

2）称量后的试样再放入 105℃的烘箱内烘 1h 左右，取出后置于干燥器中冷却 30min 后再称量。重复以上操作至前后两次质量差不超过 2mg，即为恒重，2 次恒重值在最后的计算中，取质量较小的 1 次称量值。

（4）计算　含水量以 X（%）表示，计算公式如下：

$$X = \frac{G_1 - G_2}{G} \times 100 \qquad (3-24)$$

式中　G——试样质量（g）；

　　　G_1——烘干前称量瓶及试样质量（g）；

　　　G_2——烘干后称量瓶及试样质量（g）。

3.4.7　灰分

（1）定义　样品在 900℃高温下灰化，直到灰化样品的碳完全消失，得到样品的残留物。

（2）装置　天平，精度为 0.001g；马弗炉，有控制和调节温度的装置，可提供 900℃±25℃的灰化温度；瓷坩埚，平底，容量为 40mL；干燥器。

（3）试验方法

1）将洗净的坩埚置于马弗炉内，在 900℃±25℃下灼烧 30min，并在干燥器内冷却至室温称重，精确至 0.001g。

2）称取空气干燥样品 5~10g，精确至 0.001g，将样品均匀分布在坩埚内，不要压紧。将坩埚置于马弗炉口，半盖坩埚盖，小心加热使样品在通气情况下完全炭化，直至无烟产生。

3）炭化结束后，立刻将坩埚送入马弗炉内，关闭炉门，升温至 900℃ ± 25℃，灼烧 60min。打开炉门，将坩埚移至炉口，冷却至 200℃ 左右，然后将坩埚放在干燥器内冷却至室温。准确称量，精确至 0.001g。

（4）计算　空气干燥样品的灰分以 A_{ad}（%）表示，计算公式如下：

$$A_{ad} = \frac{m_1}{m_0} \times 100 \qquad (3\text{-}25)$$

式中　m_1——灰化后残留物的质量（g）；

m_0——样品质量（g）。

结果取平行试验的算术平均值。此结果为空气干燥基的灰分，如需干燥基的灰分，可按式（3-26）换算。

$$A_d = A_{ad} \frac{100}{100 - M_{ad}} \qquad (3\text{-}26)$$

式中　A_d——干燥基样品的灰分（质量分数，%）；

A_{ad}——空气干燥样品的灰分（质量分数，%）；

M_{ad}——样品按 GB/T 5009.3 的规定方法，测定的空气干燥基水分（质量分数，%）。

3.4.8　细度

（1）定义　淀粉试样通过规定筛号下的质量与试样质量的比称为淀粉的细度，以%表示。

（2）装置　天平，精度为 0.001g；铸造用 SBS8 标准筛 100 号（筛孔 0.150mm）应符合 JB/T 9156—1999《铸造用试验筛》的规定。

（3）试验方法　称取已烘干的试样 50g±0.1g，置于 100 号筛内振摇，直至残留粉粒不再漏下为止；称量筛上试样质量，试样细度以 100 号筛的通过率表示。

（4）计算　试样细度以 X（%）表示，计算公式如下：

$$X = \frac{m - m_1}{m} \times 100 \qquad (3\text{-}27)$$

式中　m——试样质量（g）；

m_1——残留试样质量（g），即筛上物。

淀粉细度也可用震摆式筛砂机测定，具体操作方法参考震摆式筛砂机使用说明书。

3.4.9　砂型表面强度（表面耐磨性）

（1）定义　标准型砂试样在规定的时间和外力作用下，表面刷磨下的砂粒质量称为砂型表面强度（表面耐磨性），以 g 表示。

（2）装置　SHN 型碾轮式混砂机，最大混砂量为 5kg；SAC 型锤击式制样机；天平，精度为 0.1g；台秤，最大称量 10kg；电烘箱，可控温度为 50～300℃；型砂表面强度测试仪。

（3）试验方法

1）混砂配比，标准砂 2000g、膨润土 100g、预糊化淀粉 20g；混合料的配制按 JB/T 9227—2013《铸造用膨润土》的规定执行。

2）称适量混合料，在 SAC 锤击式制样机上三锤制成 ϕ50mm×50mm 的试样。

3）将制好的标准试样在 25℃±5℃室温条件下风干 20min。

4）将试样夹持在旋转座上。

5）放下针布刷装置，不加砝码。设定仪器计数器旋转数为 15，启动自动开始按钮。

6）仪器停止，抬起针布刷，称量盘中刷磨下的砂粒质量。

（4）计算　按以上步骤测试 5 次，除去最大值和最小值，取剩余 3 次的平均值表示试样的表面强度。

3.5　湿型黏土砂的性能检测

3.5.1　取样

根据 GB/T 2684—2009《铸造用砂及混合料试验方法》的规定，选取混合料（型砂）样品，按混制设备特点和工艺规定定期选取。如混合料由带输送器输送，可从输送器上定期用勺或铲多次取样混匀，其数量根据检验项目而定。应当由实验员亲自取样，不可由混砂工或其他人代取代送，以保证试验结果严谨可靠。

型砂的取样地点应为混砂机的出砂带，以及造型机处的适当位置。前者可以及时发现性能有无异常，以便立即采取纠正措施。由于湿型砂从混砂机运送到造型机时含水量和紧实率都有一些降低，使型砂的湿压强度和透气性提高。为了满足造型和浇注的要求，以及铸件表面质量的需要，应以造型机处型砂性能为控制基准。还应注意避免从砂堆表层收集已失去部分水分的混合料。

从取样处将型砂拿回实验室的容器应当是有盖的塑料桶、盒，或者有盖的搪瓷盘。不可用旧报纸将砂样托回实验室，以免纸张吸水和在空气中水分蒸发而改变性能。

如果回用旧砂的磁选设备作用有限，不能清除所有铁粒，就应将从现场取得的生产用型砂（旧砂）迅速用永久磁铁搅拌吸出混入的铁粒，然后立即密封存放，以保持水分不丢失。

型砂的取样频次依各铸造工厂的实际情况而定，以下仅为举例：在通常的机械化造型流水线工厂中，必须及时地监测控制型砂的紧实率和受紧实率显著影响的性能。在没有混砂自动控制加水装置的机器造型工厂中，型砂性能的检测可分为以下几类：

1）在混砂机平台上专门配备紧实率快速检测装置（包括制样机和试样筒、顶样柱），随时从混砂机取样和调整型砂干湿程度。

2）每1~2h从混砂机和造型机处分别取样1次，在型砂实验室中检验紧实率、含水量、透气性、湿态强度（抗压及抗剪）等性能。

3）一般铸造工厂中，每周从造型机处取样2~3次检测型砂的韧性（变形量或破碎指数）、含泥量、有效膨润土量、有效煤粉量、热湿拉强度等性能；大量生产重要铸件的工厂中，每班从造型机处取样1次检验这几种性能。

4）型砂和旧砂的粒度每周取样测定1~2次。

5）型砂和旧砂的流动性、砂温、团块量等性能为不定期性检测。如果一条生产线的铸件特征基本相似，具有良好的旧砂冷却装置，混砂机装有型砂湿度（含水量或紧实率）控制装置，每班需从混砂机和造型机分别取样2~3次，检验紧实率、含水量、湿压强度、透气性、韧性和流动性。另外，每班检验1次型砂的有效膨润土量、有效煤粉量、含泥量、热湿拉强度和温度。每周检验1次型砂和旧砂的粒度。

3.5.2　含水量

（1）定义　在一定的温度下，型砂试样烘干至恒重后失去吸附水的质量与原试样质量的比称为型砂的含水量。

（2）装置　红外线烘干器；电烘箱；精度为 0.01g 的天平。

（3）试样的制备　试样从样品中选取，选取试样的方法采用"四分法"或分样器，不得少于 1kg。

（4）试验方法　按照 GB/T 2684—2009《铸造用砂及混合料试验方法》中的规定，用以下两种烘干法进行试验，以砂样烘干前后质量的减少量表示含水量。

1）快速法。称取约 20g 试样，精确至 0.01g，放入盛砂盘中，均匀铺平，将盛砂盘置于红外线烘干器内，在 110~170℃烘干 6~10min，置于干燥器内，待冷却至室温时，进行称量。

2）恒重法。称取试样 50g±0.01g，置于玻璃器皿内，在温度为 105~110℃的电烘箱内烘干至恒重（烘 30min 后，称其质量，然后每烘 15min 称量 1 次，直到相邻 2 次之间的差值不超过 0.02g，即为恒重），置于干燥器内，待冷却至室温时进行称量。

（5）计算　含水量以 X_1（%）表示，计算公式如下：

$$X_1 = \frac{G_1 - G_2}{G_1} \times 100 \qquad (3\text{-}28)$$

式中　G_1——烘干前试样质量（g）。

　　　G_2——烘干后试样质量（g）。

（6）注意事项

1）因为湿型砂中经常掺杂有铁粒，为了保证测试准确，烘干前称量型砂试料时应先用磁铁将其中可能混杂的铁粒吸掉。国内很多铸造工厂的型砂实验室称量试料所用天平是最大称量值为 50g 或 100g 的托盘天平，天平的感量大约只有 ±0.1g，难以达到国家标准规定的称量精度 20g±0.01g 和 50g±0.01g。建议称量天平的精度最低限度为 ±0.01g。精度为 0.01g、最大称量 350g 的电子天平应用最为频繁，不仅可用于测定型砂含水量，称取制备标准试样的砂样，还可以称取小混砂机混砂用膨润土、煤粉等物料。

2）工厂日常检验型砂的含水量都只采用快速法。常用的 SGH 型双盘式红外线烘干器（见图 3-8）的烘烤温度可能高达 160～170℃，适合烘烤原砂。型砂内如果含有煤粉、重油等易挥发物质，可能会随水分烘掉一部分，使测得的数值比实际含水量偏高。如果出现冒烟现象，应改用 105～110℃ 电烘箱进行烘干。

有些铸造厂使用卤素管加热天平（见图 3-9），它操作简便，准确度较高。随意取 8～10g 型砂放入加热盘中，开始加热直到 20s 时间内质量不变，天平即自动认定已达恒重，测定时间只需 5～7min，即可自动计算和显示出型砂含水量。

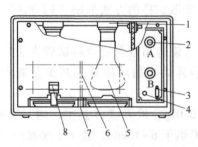

图 3-8　SGH 型双盘式红外线烘干器结构

1—灯座　2—定时器旋钮　3—电源开关　4—指示灯
5—红外线灯泡　6—隔板　7—导向槽　8—盛砂盘

图 3-9　卤素管加热天平

3.5.3　透气性

（1）定义　型砂的透气性是指紧实后的砂样允许气体通过的能力。

（2）装置　锤击式制样机；透气性测定仪。

（3）试样的制备　按照 GB/T 2684—2009《铸造用砂及混合料试验方法》，测定湿型砂透气性时，用精度为 0.1g 的天平称取型砂放入标准试样筒中，在锤击式制样机上冲击 3 次，制成高度为 50mm±1mm 的标准试样。

（4）试验方法

1）快速法。测定湿型砂透气性时，透气性测定仪处于测试状态，将内有试样的试样筒放到透气性测定仪的试样座上，并使两者密合。再将旋钮调到"测试"位置，从数显屏或微压表上直接读取透气性的数值。当试样透气性大于 50 时，应采用 1.5mm 的阻流孔；试样透气性小于 50 时，应采用 0.5mm 的阻流孔。

2）标准法。将透气性测定仪试样座上的阻流孔部件卸下，然后将气筒提至筒内空气容积为 2000cm³ 的标高处，将冲制好型砂试样的试样筒放在仪器的试样座上，使两者密合。再将旋钮调到"工作"位置，同时用秒表测定气钟内 2000cm³ 空气通过试样的时间，并从微压表上读取试样前的压力。

透气性以 K 表示，计算公式如下：

$$K = \frac{VH}{Fpt} \tag{3-29}$$

式中　V——通过试样的空气体积（cm³），$V = 2000\text{cm}^3$；

$\quad\quad H$——标准试样高度（cm），$H = 5\text{cm}$；

$\quad\quad F$——试样断面面积（cm²），$F = 19.635\text{cm}^2$；

$\quad\quad t$——2000cm³ 空气通过试样的时间（min）；

$\quad\quad p$——试样前面的气体压力（Pa）。

（5）注意事项

1）用于测定透气性的标准试样顶出后，还可以用来测定型砂的湿态强度、破碎指数等多种性能。用天平称取型砂是必要的，标准试样的质量也是反映型砂流动性的重要数据。可以用实验室通用的电子天平称量型砂，但精确度只要 1g 即可。

2）仪器应放在无震动的试验台上，与制样机隔离。调节调平螺栓使气钟能够垂直下降，不可有明显的摩擦阻力。仪器上水平泡的安装可能并不准确，必须自行调整仪器的放置位置。提起气筒时，必须缓慢进行，以防止水溅入中心管。

如有水流入三通阀，必须立即拆开仪器底座下方的胶皮管，将水清除干净。如果已流入微压表，需找仪表工代为修理。

3）试验时，气筒提起后可在测试系统中产生的气体压力为100mm H_2O 压力（折合为981Pa）。仪器的气路系统必须密封良好。将密封罩扣紧试样座，并提起气筒充满2000cm³ 空气，然后把三通阀旋转到"工作"位置。要求1h后气筒不得有明显下降，否则应在各连接处或管路上刷肥皂水，找出漏气处，用胶质物密封孔洞。

4）型砂实验室中常用的快速测定方法是在试样座的气筒连接管口处安装一只阻流孔。微压计所示压力值是通过试样前的空气压力，它与空气通过阻流孔和通过试样二者的阻力有关系。由于阻流孔直径大小是一定值，所以微压计指示的压力值随空气通过试样的阻力而变化。

5）如果试样的透气性能高，试样前的压力就低，微压计上所指出的透气率就高。反之，试样透气性能低，试样前的压力就高，微压计上所指出的透气率就低。

6）阻流孔的精度需经常检查和校正。当大气压力为760mmHg、温度为20℃时，气筒空气2000cm³ 在100mm H_2O 压力下通过阻流孔大孔的时间应为30s±0.5s；小孔应为270s±1.5s。如时间过长，可用一尖针将孔稍稍扩大；如时间过短，可用冲头在孔周围轻敲使孔径缩小。如果阻流孔大小已不能校正，就应改用标准法进行型砂透气性检测。或者，向仪器制造厂购买新阻流孔。

7）用标准法测定透气性时，气流在气路中流动的过程中还要受到三通阀等管件的阻力，所以气钟下落时通过试样的实际气压都低于静置时的100mm H_2O 压力（即981Pa）。应当将观察到的实际气压作为 "p" 代入公式进行计算。如果测得压力单位为cm水柱高度，透气性按式（3-30）计算。

$$K = VH = 509.3pt \qquad (3-30)$$

式中　p——试样前的气体压力（cm）；

　　　t——2000cm³ 空气通过试样的时间（min）。

上述透气性测定仪靠气筒存储定压气体，操作相当不便。有的仪器厂制出用电动离心鼓风机产生100mm H_2O 压力的ZTY智能透气性测定仪（见图3-10）取消了水筒和气筒，操作较为方便。但阻流孔的检查和校正仍需使用带水筒和气筒的透气性测定仪。国外新式仪器用管道压缩空气自动少许顶起气钟后，根据气筒下降一短距离的时间，靠微机自动计算和显示出透气性，不用阻流孔。

8）自来水对仪器的水筒有一定的腐蚀，建议使用蒸馏水，并在水中加少量的重铬酸钾，以延长仪器的使用寿命。

3.5.4　常温湿强度

（1）定义　型砂的强度用标准试样在受外力作用破坏时的应力值来表示。

图 3-10　ZTY 智能透气性测定仪

我国法定计量单位为 MPa 或 kPa。

（2）装置　锤击式制样机；万能强度试验机。

（3）试样的制备　按照 GB/T 2684—2009《铸造用砂及混合料试验方法》，检查型砂的常温湿态抗压强度、抗剪强度、抗拉强度或劈裂强度，都是用同样的圆柱形标准试样 [$\phi(50\pm1)\,\mathrm{mm}\times(50\pm1)\,\mathrm{mm}$]。称取一定量的型砂放入圆形标准试样筒中，在锤击式制样机上冲击 3 次，从试样筒中顶出后，即可以检测各种湿态型砂强度。湿态强度应由 3 个测试的试样强度平均值计算得出。其中任何一个试样的强度值与平均值相差超出 10% 时，试验应重新进行。

（4）试验方法

1）湿态抗压强度。按照 GB/T 2684—2009《铸造用砂及混合料试验方法》，制成的试样从试样筒中脱出后，应立即进行湿压强度试验。将抗压试样置于预先装置在强度试验机上的抗压夹具上（见图 3-11），逐渐加载，直至试样破裂，其强度值可直接从仪器中读出。

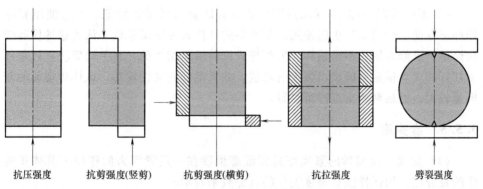

抗压强度　　　抗剪强度(竖剪)　　　抗剪强度(横剪)　　　抗拉强度　　　劈裂强度

图 3-11　常温湿态强度试样类型

2）湿态抗剪强度。与抗压强度试验基本相同。试验前将抗剪夹具安装在试验机上，然后将圆柱形标准试样安放在抗剪夹具上，操作方法与抗压强度相同。

3）湿态抗拉强度。湿态抗拉强度是防止吊砂起模破坏的主要型砂性能之一。具有 ZSL 型砂热湿拉强度试验仪（见图 3-12）的型砂实验室可以用它测定型砂的常温湿拉强度。使用特制的组合式试样筒制作试样，不需加热即可进行试验。将型砂装入特制的常温湿拉强度试样筒中，在制样机上锤击 3 次，使试样高度为 50mm。测试时去掉托盘和连接筒，将上下 2 个试样筒一起放入试样导轨中，并推至导轨终端。按下仪器的加载按钮，直至试样从上下试样筒中间被拉断，即可从记录仪上读出试样被拉断的数值。

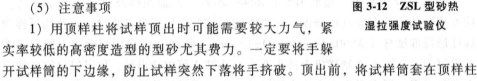

4）劈裂强度。为了能够使用简单的仪器测出接近反映型砂抗拉强度的数值，将圆柱形标准试样横放，使它在径向受压应力，就可以得出近似抗拉强度的劈裂强度值。

（5）注意事项

图 3-12　ZSL 型砂热湿拉强度试验仪

1）用顶样柱将试样顶出时可能需要较大力气，紧实率较低的高密度造型的型砂尤其费力。一定要将手躲开试样筒的下边缘，防止试样突然下落将手挤破。顶出前，将试样筒套在顶样柱上轻轻磕动几下，有助于减小顶出力。

2）各种常温型砂强度测定所用的国产强度试验机大多为万能强度试验机。

3）试验时，转动手轮带动丝杠，推动油缸内的活塞而产生水平方向压力，通过油缸前部的活塞，将力传递给固定在机体上的试样，其压力值由压力表指示。加载前将压力表上的被动针拨回零位，以便能够显示试样破碎时指针达到过的强度数值。压力表上的 3 圈刻度值分别代表抗压、抗剪和抗弯强度，单位为 MPa。

4）国产 SWY 型液压万能强度试验机有的会出现漏油现象，而且使用和维修都不方便。个别工厂更愿使用以前购得的杠杆式强度试验机，认为这种仪器结构简单、维修方便、不易损坏。但杠杆式仪器精度相当低，靠手动旋转丝杠来移动杠杆的支点很难精确读出强度的峰值。如果型砂的韧性较高，试样碎裂前的变形量较大，更难判断支点停留位置。

3.5.5　紧实率

（1）定义　湿型砂的紧实率是指湿态型砂在一定紧实力的作用下其体积变化的百分比。用试样前后高度变化的百分数来表示。

型砂含水量说明型砂中水分的绝对含量，而型砂紧实率的高低反映手感干湿程度。型砂紧实率的测定原理：较干的型砂自由流入试样筒时，砂粒堆积得比较密实，在相同的锤击紧实力作用下，型砂体积减小较少；而较湿的型砂，在未被紧实前砂粒的堆积比较松散，紧实后体积减小较多。根据型砂被紧实前后的体积变化，就可以检测出型砂的（手感）干湿程度。

（2）装置 锤击式制样机；型砂投入器。

（3）试验方法 按照 GB/T 2684—2009《铸造用砂及混合料试验方法》，使砂样通过筛号为 6 的筛子的漏斗，落入到有效高度为 120mm 的圆柱形试样筒内（筛底至标准试样筒上端面距离应为 140mm），用刮板将试样筒上多余的试样刮去（见图 3-13），然后将装有试样的样筒在锤击式制样机（锤击式制样机应安放在水泥台面上，下面垫有 10mm 厚的橡胶皮）上冲击 3 次，从制样机上读出数值（见图 3-14）。

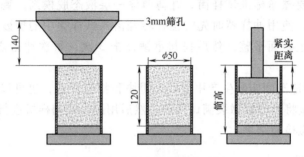

图 3-13 紧实率的测定过程

（4）计算 紧实率以 v（%）表示，计算公式如下：

$$v = \frac{H_0 - H_1}{H_0} \times 100 \qquad (3-31)$$

式中 H_0——试样紧实前的高度（mm），H_0 = 120mm；

H_1——试样紧实后的高度（mm）。

（5）注意事项

1）紧实率的测定过程如图 3-13 所示。按 GB/T 2684—2009《铸造用砂及混合料试验方法》的规定，SBT 型投砂器漏斗的筛网为 6 号（孔径尺寸为 3.35mm）。过筛需用手指拨动型砂。

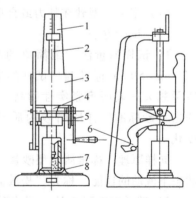

图 3-14 SAC 型锤击式制样机

1—刻度盘 2—中心轴 3—重锤
4—锤垫 5—凸轮 6—扳手
7—冲头 8—试样筒

2）锤击式制样机是制备型砂标准试样的通用仪器（见图 3-14）。冲击 3 次后，试样的紧实程度大体上与紧实比压为 0.7~1.0MPa 的高密度砂型水平部位紧实程度接近。紧实率的数值可从制样机顶部的标尺直接读出，不需计算。制样机凸轮抬起重锤的高度为 50mm，应注意是否因使用日久而磨损，如抬起高度不足，则制成的试样紧实率和强度偏低、透气率值偏高。另外，锤击式制样机不可放置在木桌中央，否则测得的型砂抗压强度可能偏低。

3）适用于 SAC 型锤击式制样机的试样筒为外圆定位式，高度为 120mm，内径为 50mm。如果试样筒使用不耐磨的铸铁制成，则其内表面极易磨损。锤击制样时，内表面粗糙的试样筒会阻碍型砂的冲击紧实，使测得的强度值和紧实率值偏低、透气率值偏高，试样的顶出也较费力。美国铸造师学会要求试样筒为钢制，内表面硬度为 65~70HRC，珩磨加工后表面粗糙度 $Ra \leqslant 0.20\mu m$。每制一试样后，将试样筒掉头一次，使磨损均匀和延长新试样筒使用寿命。在每次使用前还要擦净标准试样筒，并薄薄涂一层液态脱模剂。德国铸造学会的指导文件规定，使用冲样器时先将锤杆轻轻落入试样筒中的型砂上，旋转试样筒半圈使砂样上表面平整，然后提起重锤冲击 3 次，每次冲击之间应有 1~2s 间隔。

4）如果铸造车间实际生产用型砂无团块和相当松散，也可以不必通过带筛的投入器，直接将型砂轻撒装满试样筒，然后用锤击式制样机进行舂打，这样可以快速得到近似检验结果。

3.5.6 流动性

（1）定义 型砂在外力或自重作用下，沿模样和砂粒之间相对移动的能力。

（2）试验方法

1）试样质量法。最简单的测试方法是称量型砂试样的质量。测定型砂 $\phi50mm\times50mm$ 标准圆柱试样的质量，可反映型砂在紧实过程中的可紧实性。质量越大，表明可紧实性越高。有些对型砂质量控制严格的工厂，要求记录冲击型砂标准试样所用砂的质量，来察觉型砂的"紧实流动性"是否出现变化。

同样原理，称量测定型砂紧实率后顶出的试样质量，可反映不同型砂在松散状态下流动的性能，称为"松散流动性"。

2）试样冲击阻力法。国内某些日资工厂所用试验方法是将冲击 $\phi50mm\times50mm$ 标准试样所需型砂量置入试样筒中，先用制样机的重锤冲击 2 次，记下高度。再用重锤冲击 1 次，第 3 次冲击前后的试样高度减少量（mm）表示"抗缩值"。得到的数值越低，表明冲紧阻力越小，型砂的可紧实性越好。

3）阶梯试样硬度差法。在圆柱形标准试样筒中放置一块高度为 25mm 的半圆形金属块。将 110~120g 型砂放入试样筒中，用制样机冲击 3 次（见图 3-15）。将试样筒翻转后先测定试样筒底盖端面 A 处的试样硬度，将试样顶出一半距离后再测定金属块端面 B 处的硬度。二者的硬度值差别越小，说明型砂向空隙中移动的流动性越好。

型砂流动性的计算公式如下：

$$型砂流动性 = \frac{H_A}{H_B} \times 100 \qquad (3\text{-}32)$$

式中　H_A——A 处硬度值；

　　　H_B——B 处硬度值。

4）环形空腔法。试验时，按照圆柱形标准试样的质量称取型砂，置入专门的环形空腔试样筒中（见图 3-16），在制样机上冲击 3 次。测量试样的高度，高度越小，表示型砂向侧面空腔的流动性越好。

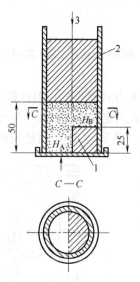

图 3-15　阶梯试样硬度差法测定型砂流动性

1—凸台　2—压头　3—冲头

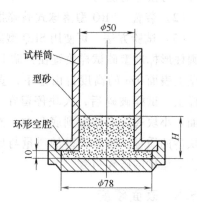

图 3-16　环形空腔法示意

型砂流动性的计算公式如下：

$$型砂流动性 = \frac{H_0 - H}{H_0 - H_1} \times 100 \qquad (3\text{-}33)$$

式中　H_0——流动性为 0 时的试样高度（mm），H_0 为 50mm；

　　　H_1——流动性为 100% 时的试样高度（mm），H_1 为 35mm；

　　　H——实际试样高度（mm）。

5）漏孔法。称取 170g 型砂放入标准试样筒中，先在制样机上冲击 1 次，而后将试样筒放在一

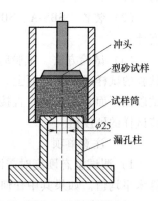

图 3-17　漏孔法示意

个有 25mm 孔的漏孔柱上（见图 3-17）再冲击 2 次。将从 $\phi25mm$ 漏孔中落下的型砂进行称量，通过漏孔落下的型砂越多，说明型砂通过孔洞的流动性越好。

型砂流动性的计算公式如下：

$$型砂流动性 = \frac{W_A}{W_B} \times 100 \tag{3-34}$$

式中　W_A——通过漏孔的砂重（g）；

　　　W_B——原试样质量（g）。

3.5.7　破碎指数

（1）定义　破碎指数指型（芯）砂在造型、起模、制芯、脱芯时吸收塑性变形不易损坏的能力。

（2）装置　SRQ 型落球式破碎指数测定仪；锤击式制样机；型砂投入器。

（3）试验方法　可使用 SRQ 型落球式破碎指数测定仪进行测定（见图 3-18）。将圆柱形标准型砂试样放置在铁砧上，用 $\phi50mm$、质量为 510g 的硬质钢球自距铁砧上表面 1m 的高度自由落下，直接打在标准试样上，试样破碎后，大块停留在 12.7mm 筛网上面，小块通过筛网漏到底盘中，然后称量网上大块砂的质量。将大块砂的质量与原试样质量的比作为型砂的破碎指数。

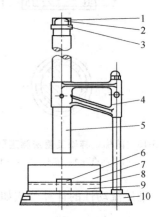

图 3-18　破碎指数测定仪结构

1,3—钢球摛纵机构　2—钢球
4—支架　5—导管　6—试样座
7—筛圈　8—筛子　9—底座
10—机座

3.5.8　表面硬度

（1）定义　型砂表面硬度是指型砂抵抗磨损的能力。

（2）装置　SBS-A、SBS-B、SBS-C 湿型砂硬度计。

（3）试验方法　试验时，将硬度计压在所要试验的试样或砂型平面上，硬度计平面应与被测试砂型平面紧密接触，直接从硬度计表盘上读出该试样的硬度值。

（4）注意事项

1）测试湿态硬度时需测 3 个试样，而且 3 个试样需测 3 个不同位置，取其算术平均值。如果其中任何一个数值超出平均值 20%，试验需重新进行。

2）硬度计型号适用范围见表 3-1。

表 3-1　硬度计型号适用范围

型　　号	适 用 范 围
SBS-A	手工造型或一般机器造型
SBS-B	
SBS-C	高密度造型

3.5.9　热湿拉强度

（1）定义　热湿拉强度是指模拟湿砂型在熔融金属液的高温作用下，水分发生迁移，在砂型表层水分凝聚区的抗拉强度。

（2）装置　ZSL 型热湿拉强度试验仪；锤击式制样机；型砂投入器；热湿拉强度专用试样筒。

（3）试样制备　取一定量的型砂放入专用试样筒中，在锤击式制样机上冲击 3 次，至标准高度。试样无需顶出。连同专用试样筒在仪器上测试。

（4）试验方法　热湿拉强度按 GB/T 2684—2009《铸造用砂及混合料试验方法》执行。

用热湿拉强度试验仪的专用试样筒制备试样，并将试样筒置于 ZSL 型热湿拉强度试验仪上。将已加热到 320℃±10℃ 的加热板紧贴试样 20s 后，加载直至试样断裂，从记录仪上读取测试数据。用同一种混合料测定 3 个试样，取其平均值作为该试样的热湿拉强度值。如果其中任何一个数据与平均值相差超过 10%，试验应重新进行。

3.5.10　有效膨润土含量

（1）定义　有效膨润土含量指型砂（回用砂）中除去烧损失效的膨润土、失效煤粉等粉尘外，具有黏结能力的膨润土含量，一般用吸蓝量来表示。

（2）试剂和材料　定量中速滤纸；1.0% 焦磷酸钠溶液；0.2% 亚甲基蓝溶液。

（3）装置　电烘箱；电炉；ZMV 黏土吸蓝量试验仪（或滴定装置）；天平，精度为 0.001g；三角烧瓶。

（4）试验方法　测定型砂（回用砂）有效膨润土含量的计算按 JB/T 9221—1999《铸造用湿型砂有效膨润土及有效煤粉试验方法》执行。

1）配制浓度为 0.200% 的亚甲基蓝（分析纯）溶液和浓度为 1% 的焦磷酸钠（分析纯）溶液备用。

2）称取 105~110℃ 烘干至恒重的型砂（旧砂）5.00g，置于 250mL 三角烧瓶中，加入 50mL 蒸馏水使其预先润湿。再加入浓度为 1% 的焦磷酸钠溶液 20mL，摇匀后在置有石棉网的盘式电炉上煮沸 5min，在空气中冷却到室温。

3）用滴定管向试料液中滴入亚甲基蓝溶液。第 1 次可滴入预定量的 2/3 左右，用手摇晃烧瓶 30s，使亚甲基蓝被膨润土充分吸附。

4）用玻璃棒沾 1 滴溶液滴在滤纸上（定量中速滤纸）。滤纸上的液滴直径最好为 10~15mm。观察在深蓝色圆点的周围有无淡蓝色的晕环（见图 3-19）。

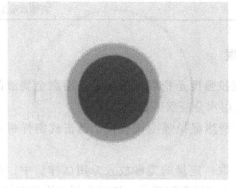

图 3-19　滤纸上的液滴

5）如未出现，表明膨润土的吸附尚未饱和。然后每次滴入 1~2mL，摇晃 30s 左右，再用玻璃棒沾 1 滴溶液滴在滤纸上。

6）反复操作直至出现晕环，静置 2min，假如晕环不消失，表明已达饱和点；否则每次继续滴入 1mL，直至晕环保持稳定为止。此时滴定总量即为型砂（旧砂）的吸蓝量（mL）。

7）取车间所用的原砂和膨润土于 105~110℃烘干至恒重后，分别在 5 个 250mL 的三角烧瓶中加入膨润土 0.10g、0.20g、0.30g、0.40g、0.50g 及硅砂 4.90g、4.80g、4.70g、4.60g、4.50g，使每份原砂和膨润土总量为 5.00g，按照上述测定型砂吸蓝量的同样步骤，分别测试出各自的滴定量。以试料中膨润土加入量（%）为横坐标，亚甲基蓝溶液滴定量（mL）为纵坐标，绘制标准曲线（见图 3-20）。由 5.00g 型砂（旧砂）的亚甲基蓝滴定量查出有效膨润土含量。

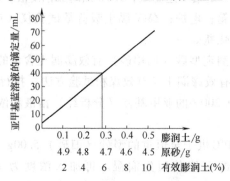

图 3-20　有效膨润土标准曲线

（5）注意事项 所用亚甲基蓝试剂为分析纯（≥98%），用滴定法检验有效膨润土量时可视为纯品，并不需要将吸蓝量的测定结果折算成100%纯度亚甲基蓝的滴定量。生物染色用亚甲基蓝的纯度可能只有60%～80%，不可用于测定吸蓝量。

3.5.11 含泥量

（1）定义 型砂中直径≥20μm的颗粒视为砂粒，直径<20μm的微细颗粒视为"泥分"。其含量的百分数称为含泥量。

（2）试验方法按GB/T 2684—2009《铸造用砂及混合料试验方法》的规定执行。

3.5.12 有效煤粉含量

（1）定义 型砂中的有效煤粉含量是指型砂或旧砂除去已失效的，而能相当于新鲜煤粉作用的组分含量。

（2）装置 GET-Ⅲ发气性测定仪；高温箱式电阻炉；天平，精度为0.001g。

（3）试验方法

1）发气量法。20世纪60年代初期，分析了煤粉防铸铁件粘砂作用机理，认为主要靠的是挥发分，因而用测定型砂或旧砂受热挥发出气体的容积来计算有效煤粉含量。后来为了便于自动显示和记录，将检测发气容积改为发气压力。GET-Ⅲ发气性测定仪的工作原理如图3-21所示。

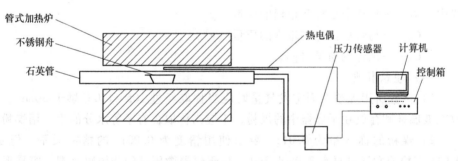

图3-21 GET-Ⅲ发气性测定仪

JB/T 9221—1999《铸造用湿型砂有效膨润土及有效煤粉试验方法》规定，测定型砂（旧砂）的有效煤粉量时，将测定仪升温至900℃，称取生产所用煤粉0.01g，置于瓷舟内（瓷舟预先在1000℃灼烧30min，冷却后在干燥器中保存）。然后将盛有试样的瓷舟送入发气性测定仪的石英管红热部分，立即塞上胶皮塞，保温7min，记录下试料的发气量。按上述同样方法测定0.01g膨润土及其他附加物的发气量。最后，再按上述方法测定除去含铁物质和风干过的1.00g型砂

（旧砂）的发气量。

型砂（旧砂）中有效煤粉以 X（%）表示，计算公式如下：

$$X = \frac{Q_i - \sum Q_i}{Q} \times 100 \qquad (3-35)$$

式中 Q_i——1.00g 型砂（旧砂）的发气量（mL）；

$\sum Q_i$——1.00g 型砂（旧砂）中除煤粉外的膨润土和其他附加物的总发气量（mL）；

Q——0.01g 煤粉所产生的发气量（mL）。

2）灼烧减量法。测定型砂或旧砂的灼烧减量，可反映铸铁用湿型砂的抗粘砂能力。虽然得不出具体的有效煤粉量，试验操作也比较费时，但可利用实验室的设备和器材，仍为可行方案之一。根据 GB/T 2684—2009《铸造用砂及混合料试验方法》，检测方法如下所述。

将型砂于 105~110℃ 烘干至恒重，称取约 1g，精确至 0.0001g，置于已恒重（2 次灼烧称量的差值 ≤ 0.0002g）的坩埚中，放入高温箱式电阻炉中，从低温开始逐渐升温至 950~1000℃，保温 1h，取出冷却，立即放入干燥器中，冷却至室温并称重。重复灼烧（每次 15min）称重，直至恒重（2 次灼烧称量的差值 ≤ 0.0002g）。

灼烧减量以 X_3（%）表示，计算公式如下：

$$X_3 = \frac{G_5 - G_6}{G_7} \times 100 \qquad (3-36)$$

式中 G_5——灼烧前试样和坩埚的质量（g）；

G_6——灼烧后试样和坩埚的质量（g）；

G_7——试样的质量（g）。

（4）注意事项

1）试验所用煤粉在测定发气量时应当称取经过 105~110℃ 烘干 30min、盛放在玻璃杯和存放在干燥器中的煤粉，不应当称取含有不等水分的生产用煤粉。

2）煤粉的称取量为 0.01g，要求使用精度为 0.001g 的精密天平。但是，0.01g 煤粉的发气量只有 3.0~4.5mL，位于仪器微压计的非敏感范围，容易形成误差。因此，应当称取煤粉 0.10g，相当于 1g 型砂中含有煤粉 10%，其发气范围为 30~45mL，测定结果除以 10，即为每 1% 有效煤粉的发气量。

3）待测定的型砂（旧砂）试料最好预先经过烘干。

4）型砂（旧砂）应先磁选除掉铁粒，将粗粒和粉末部分的试料均匀称取 1.00g 装入不锈钢舟（或瓷舟）中。注意送样钩的长度需能使试料舟准确送至管中心。

5）购买发气量测定仪时，会附带供给不锈钢舟数只。与瓷舟相比，其优点是质量一致不影响发气速度，坚固耐用不会破碎。

6）刚开始测试时，应将装有 1g 左右型砂的不锈钢舟推入石英管中加热，使所产生的还原性气体置换掉管中流入的空气（俗称换气氛）。这种操作需反复 2~3 次，然后才进行正式检验，否则煤粉发出的还原性气体将与管中残留空气中的氧气进行燃烧而产生严重试验误差。

7）试验完毕后，应将石英管口立即打开，防止温度下降时测试系统中产生负压而损坏微压传感器。

8）上述计算式中的 ΣQ 考虑了膨润土和其他附加物的发气量，使测试和计算复杂化。有效煤粉的测试并不要求过分精确，2 位有效数字即可满足型砂性能控制。膨润土受热析出的气体主要是水分，已经在仪器中冷凝而不占容积。其他附加物，如型砂中混入的溃散砂芯，受热会发出还原性气体，也同样起防止铸件粘砂的作用，可以与煤粉一并考虑。膨润土中可能含有少量碳酸盐，受热发气比煤粉挥发分的发气量少。因此，在日常生产中可以将 ΣQ 一项删掉，简化计算式。

9）长期使用后，仪器胶管老化或石英管破裂使测试出现异常现象时，应将 50mL 注射器安装在石英管口上，注入约 50mL 气体，如果 5min 内记录仪指针变化大于 1 小格，说明检测系统有漏气。应当立即请仪表工修理和重新校准。

10）铸造生产要求型砂灼烧减量的数值只 3 位数字（小数点后 2 位）即可。GB/T 2684—2009《铸造用砂及混合料试验方法》中对检测方法的规定似乎过分精确，实际上使用精度为 0.001g（或精度 0.01g）的天平即可。型砂经过 105~110℃ 烘干约 1h，储放在干燥器中即可取来称量，不需要烘干至恒重。但灼烧加热时，炉中应当有空气流入的通道，否则燃烧可能不完全；注意不可将盛有型砂的坩埚直接放入高温的电阻炉中，以免型砂中煤粉爆燃。

思 考 题

1. 影响预糊化淀粉粒度检测准确性的因素有哪些？
2. 简述膨润值检测步骤及量具的名称和精度。
3. 黏土湿型砂有哪些主要性能？
4. 简述煤粉灰分、挥发分检测方法。
5. 为什么说紧实率是膨润土与水比例是否适宜造型的重要指标？
6. 湿型砂的紧实率测试过程中需注意哪些问题？

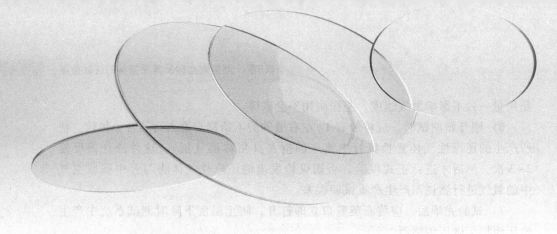

第4章　无机黏结剂砂及其原材料的性能检测

4.1　概述

盐是由金属离子（含铵离子）和酸根离子组成的化合物。无机盐是酸根为无机酸的盐类，包括硅酸盐、硫酸盐、磷酸盐、硝酸盐、硼酸盐、碳酸盐和多种碱金属或碱土金属的卤化物，品种繁多，不胜枚举。

从青铜时代开始，铸造工艺所用的铸型（包括陶范），就是以天然砂粒为骨料、以黏土为黏结剂制成的，而且制造陶范的材料中黏土含量很高。各种黏土（包括高岭土、蒙脱石、伊利石、绿泥石等矿物），成分都以 Al、O、SiO_2 为主，都属于层状结构的硅酸盐矿物，都是无机盐类材料。

时至今日，虽然用金属型制造的铸件日益增多，砂型铸造方面，又有各种有机黏结剂不断推出的铸件日益增多，但是，世界各国生产的铸件总量中，用黏土湿型砂造型制成的铸件仍然占 65% 左右。此外，还有不少铸件用水玻璃砂造型制成。

21 世纪以来，由于对作业条件和环境保护的要求日益严格，各种有机树脂在铸造生产过程中产生的污染逐渐为人们所认知，无机盐类无毒、无害、无恶臭的优点再一次受到了普遍的关注，我国和世界一些工业发达国家的铸造科技工作者都加强了这方面的研究工作，并取得了众多科技成果，如水玻璃砂液态有机酯自硬技术、硅酸盐黏结剂应用新突破，磷酸盐系和硫酸系黏结剂也都取得不少新进展。

4.2　水玻璃砂及其原材料的性能检测

4.2.1　水玻璃的性能检测

水玻璃，别名泡花碱，是硅酸钠、硅酸钾、硅酸锂和硅酸季铵盐在水中以离子、分子和硅酸胶粒并存的分散体系。它们处在特定的模数和含量范围内，分别称为钠水玻璃、钾水玻璃、锂水玻璃和季铵盐水玻璃。铸造中应用的一般是钠水玻璃。

纯净的水玻璃是无色透明的黏稠液体，当含有铁、锰、铝、钙的氧化物时，则带有黄绿、青灰和乳白等各种颜色。水玻璃可以用物理的和化学-物理相结合的方法进行硬化，以适应造型、制芯工艺的多样性，生产应用的广泛性是水玻璃的最大优点和特点。

与许多有机黏结剂相比，水玻璃有两大优势：一是对环境友好、对人体无害。它在混砂、造型、浇注、旧砂再生等生产环节都没有产生对人体有害的气体，可以做到清洁化、无害化生产。二是资源丰富、价格低廉。

水玻璃在铸造生产中最常用的是有机酯自硬法和二氧化碳气硬法使砂型（芯）硬化，主要用作铸钢用型砂黏结剂。现行的 JB/T 8835—2013《砂型铸造用水玻璃》中界定了其主要性能指标及其检测技术。

1. 外观

（1）装置　干净透明无色玻璃容器。

（2）试验方法　取一定量样品注入玻璃容器中，在阳光或灯光下目测水玻璃的颜色。

2. 密度

（1）定义　水玻璃的质量与其体积的比值称为密度，在厘米·克·秒制中，密度的单位为 g/cm^3。

（2）装置　分度值为 $0.001g/cm^3$ 的密度计；恒温水浴，温度控制在 $20℃\pm0.5℃$；250mL 直形量筒；分度值为 $1℃$ 的温度计。

（3）试验方法　将待测试样注入量筒内，并垂直置于 $20℃\pm0.5℃$ 的恒温水浴中；待温度重新恒定后，将密度计缓缓地放入量筒中，使之呈悬浮稳定状。

（4）计算　读出密度计弯月面下缘的刻度，即为 $20℃$ 试样的密度。

（5）注意事项　量筒应清洁、干燥，试剂注入量筒不得有气泡；密度计应清洁、干燥，插入盛有试剂的量筒时，应缓慢放下，不得触底，上端露在液面外的部分所占液体不超过 2~3 分度值。

3. 黏度

（1）定义　黏度是流体抵抗流动并能量化抵抗流动形变具有流变特性的物理量，也是度量流体黏性大小的物理量。常用的动力黏度单位：厘泊（cP）、毫帕斯卡·秒（mPa·s）。可用旋转式数字显示黏度计进行测定。

（2）装置　旋转式数字显示黏度计（见图 4-1）；保持在规定测定温度 ±0.5℃的恒温水浴装置（见图 4-2）；直径不小于 60mm 的圆形平底容器。

图 4-1　旋转式数字显示黏度计　　　　　图 4-2　恒温水浴装置

（3）试验方法

1）将被测试样液体倒入直径不小于 60mm 的圆形平底容器中，容器放入规定温度的恒温水浴槽中（一般设定温度为 20℃或者 25℃）。

2）将数显黏度计保护架逆向旋入主机箱下的端子上。

3）选择好使用的转子，逆时针旋入仪器万向接头上。

4）旋转升降块，将转子缓慢浸入被测液体，使转子液面标志（转子杆上的凹槽刻线）与被测液面成一平面。

5）调整好仪器水平。

6）开启仪器背面的电源开关，进入等待状态。在液晶屏上选择量程范围，设置对应的转子号、转速、温度，按确认键，仪器确认已设定的转子或转速，相应设定位置的数字停止反复闪烁。

7）按启动/停止键，开始测量，测量的数据（即张角百分比、黏度值和温度值）在屏幕上显示，同时数据可通过 RS232C 接口发送到上位 PC 机，再次按下启动/停止键，停止测量。

8）由于游丝具有一定的线性区，测量时请注意张角百分比，该数值应处于 20%~85%，当张角百分比的数值过高或过低时，应更换转子或改变转速，否则会影响测量的准确度。

9）悬浊液、乳浊液、高分子材料和某些高黏度液体，属于非牛顿流体，其表观黏度值与切变速度是非线性关系，因此用不同的转子、不同的转速以及随测量时间的变化，其黏度测量值可能不一致，并非仪器测试有误。

（4）注意事项

1）被测液体的温度：有人可能认为温度差一点无所谓，但试验证明，当温度偏差 0.5℃ 时，有的液体的黏度偏差值超过了 5%。温度偏差对黏度影响很大，温度升高黏度下降，所以要特别注意将被测液体的温度恒定在规定的温度点附近，对于精确测量，不能超过 0.1℃。

2）测量容器的选择：特别是在使用 1 号转子时，若容器的内径过小，会引起较大的测量误差。

3）气泡影响：在转子浸入液体的过程中往往带进气泡，转子旋转一段时间后，大部分气泡会上浮消失，但附在转子下部的气泡有时无法消除，气泡的存在会给测量数据带来较大的偏差，所以倾斜缓慢地浸入转子是有效的办法。

4）转子的清洗：转子应清洁无污物，一般要在测量后及时清洗，特别是在测黏性液体的黏度后。要注意清洗方法，可用合适的有机溶剂浸泡，千万不能用金属刀具等硬物刮，因为转子表面有刮痕会带来测量结果偏差。

4. 模数

模数是水玻璃中 SiO_2 与 Na_2O 的摩尔数的比值，用 M 表示，铸造中使用的水玻璃的模数通常为 $2<M<4$。

5. 氧化钠含量

（1）定义　氧化钠含量指氧化钠的质量占水玻璃总质量的百分比。以甲基红为指示剂，用盐酸标准滴定溶液测定总碱度。

（2）试剂和材料

1）1g/L 的甲基红指示液。

2）盐酸标准滴定溶液 $c(HCl) \approx 0.2mol/L$。

配制：量取 18mL 盐酸，注入 1000mL 水中，摇匀。

标定：称取约 0.4g 于 270～300℃ 灼烧至质量恒定的基准无水碳酸钠，精确至 0.0001g，溶于 50mL 水中，加 10 滴溴甲酚绿-甲基红混合指示液，用配制好的盐酸标准滴定溶液滴定至溶液由绿色变为暗红色，煮沸 2min，冷却后继续滴定至溶液再呈暗红色。同时做空白试验。

计算：盐酸标准滴定溶液的实际浓度以 c 计，数值以% 表示，公式如下：

$$c = \frac{m \times 1000}{(V_1 - V_2)M} \tag{4-1}$$

式中　m——基准无水碳酸钠的质量（g）；

$\quad\quad V_1$——滴定所消耗的盐酸标准滴定溶液的体积（mL）；

V_2——空白试验消耗的盐酸标准滴定溶液的体积（mL）；

M——无水碳酸钠（$1/2Na_2CO_3$）摩尔质量（52.99g/mol）。

（3）装置 电热恒温干燥箱；玛瑙研钵；50mL 压力溶弹；精度为 0.0001g 的分析天平。

（4）试验方法

1）试验溶液的制备。移取约 5g 试样，精确至 0.0002g，移入 250mL 容量瓶中，用水溶解，稀释至刻度，摇匀。

2）测定。用移液管移取 50mL 试验溶液，置于 250mL 锥形瓶内，加 10 滴甲基红指示液，用盐酸标准滴定溶液滴定至溶液由黄色变成微红色即为终点。

保留此溶液用于测定二氧化硅含量。

（5）计算 氧化钠（NaO）含量 w_1（质量分数，%）的计算公式如下：

$$w_1 = \frac{(V/1000)cM}{m(50/250)} \times 100 \tag{4-2}$$

式中 V——滴定所消耗的盐酸标准滴定溶液体积（mL）；

c——盐酸标准滴定溶液浓度的准确数值（mol/L）；

m——试样的质量（g）；

M——氧化钠（$1/2Na_2O$）摩尔质量（30.99g/mol）。

取平行测定结果的算术平均值作为测定结果，2 次平行测定结果的绝对差值不大于 0.1%。

6. 二氧化硅含量

（1）定义 二氧化硅含量指二氧化硅的质量占水玻璃总量的百分比。在已测定氧化钠含量后的溶液中，加入过量氟化钠，生成定量的氢氧化钠。加入过量的盐酸溶液，再用氢氧化钠标准滴定溶液返滴定。

（2）试剂和材料 氟化钠；$c(HCl) \approx 0.5mol/L$ 的盐酸标准滴定溶液；$c(NaOH) \approx 0.5mol/L$ 的氢氧化钠标准滴定溶液；1g/L 甲基红指示液。

（3）试验方法 在滴定氧化钠含量后的试验溶液中，加入 $3g \pm 0.1g$ 氟化钠，摇动使其溶解，此时溶液又变成黄色，立即用盐酸标准滴定溶液滴定至红色不变，再过量 2~3mL，准确记录盐酸标准滴定溶液的总体积。然后用氢氧化钠标准滴定溶液滴定至黄色为终点。

同时做空白试验，在 250mL 锥形瓶中加入约 50mL 水、10 滴甲基红指示剂，加入 $3g \pm 0.1g$ 氟化钠，立即用盐酸标准滴定溶液滴定至红色不变，再过量 2~3mL，准确记录盐酸标准滴定溶液的总体积。然后用氢氧化钠标准滴定溶液滴定至黄色为终点。

（4）计算 二氧化硅（SiO_2）含量 w_2（质量分数，%）的计算公式如下：

$$w_2 = \frac{\left[(c_1 V_1 - c_2 V_2) - (c_1 V_3 - c_2 V_4) \right] M}{m(50/250) \times 1000} \times 100 \tag{4-3}$$

式中　c_1——盐酸标准滴定溶液浓度的准确数值（mol/L）；

$\quad\quad c_2$——氢氧化钠标准滴定溶液浓度的准确数值（mol/L）；

$\quad\quad V_1$——滴定中所消耗的盐酸标准滴定溶液体积（mL）；

$\quad\quad V_2$——滴定中所消耗氢氧化钠标准滴定溶液体积（mL）；

$\quad\quad V_3$——空白试验消耗的盐酸标准滴定溶液体积（mL）；

$\quad\quad V_4$——空白试验消耗的氢氧化钠标准滴定溶液体积（mL）；

$\quad\quad M$——二氧化硅（$1/4SiO_2$）摩尔质量（15.02g/mol）；

$\quad\quad m$——氧化钠含量测定中试样的质量（g）。

取平行测定结果的算术平均值作为测定结果，2 次平行测定结果的绝对差值应不大于 0.2%。其中，模数以二氧化硅摩尔数与氧化钠摩尔数的比 M 计，计算公式如下：

$$M = \frac{w_2}{w_1} \times 1.032 \tag{4-4}$$

式中　w_1——氧化钠（Na_2O）的质量分数（%）；

$\quad\quad w_2$——二氧化硅（SiO_2）的质量分数（%）；

$\quad\quad 1.032$——氧化钠相对分子质量与二氧化硅相对分子质量的比值。

7. 含铁量

（1）定义　含铁量指铁离子的质量占水玻璃总量的百分比。用抗坏血酸将试液中的 Fe^{3+} 还原成 Fe^{2+}。在 pH 值为 $2 \sim 9$ 时，Fe^{2+} 与 1,10-菲咯啉反应生成橙红色络合物，在分光光度计最大吸收波长（510nm）处测定其吸光度。

（2）试剂和材料　1+3 盐酸溶液；1g/L 甲基橙指示液；85g/L 氨水溶液，将 374mL 质量分数为 25% 氨水（$\rho = 0.910$g/mL）用水稀释至 1000mL 并混匀；在 20℃时 pH=4.5 的乙酸-乙酸钠缓冲溶液，称取 164g 无水乙酸钠，用 500mL 水溶解，加 240mL 冰乙酸，用水稀释至 1000mL；100g/L 抗坏血酸溶液，该溶液的有效使用期为一周。

1g/L 溶液的 1,10-菲咯啉-盐酸一水合物（$C_{12}H_8N_2 \cdot HCl \cdot H_2O$）或 1,10-菲咯啉一水合物（$C_{12}H_8N_2 \cdot H_2O$）。用水溶解 1g 的 1,10-菲咯啉一水合物或 1,10-菲咯啉-盐酸一水合物，并稀释至 1000mL。避光保存，使用无色溶液。

制备铁标准溶液的两种方法如下（溶液需现用现配）：

1）称取 1.727g 十二水硫酸铁铵 $[NH_4Fe(SO_4)_2 \cdot 12H_2O]$，精确至 0.001g，用约 200mL 水溶解，定量转移至 1000mL 容量瓶中，加 20mL 硫酸溶液（1+1），稀释至刻度并混匀。该标准溶液每升含有 0.200g 的铁（Fe）。

2）称取 0.200g 纯铁丝（质量分数为 99.9%），精确至 0.001g，放入 100mL

烧杯中，加 10mL 浓盐酸（$\rho = 1.19 \mathrm{g/mL}$）。缓慢加热至完全溶解，冷却，定量转移至 1000mL 容量瓶中，稀释至刻度并混匀。该标准溶液 1mL 中含有 0.200mg 的铁（Fe）。

铁标准溶液（每升含有 0.020g 的铁）：移取 50.0mL 按上述方法之一制备的铁标准溶液至 500mL 容量瓶中，稀释至刻度并混匀。该标准溶液 1mL 含有 20μg 的铁（Fe）。

（3）装置　电热恒温干燥箱；玛瑙研钵；50mL 压力溶弹；分光光度计，带有光程为 1cm、2cm、4cm 或 5cm 的比色皿。

（4）试验方法　在测定试液的同时，用制备试液的全部试剂和相同量制备空白溶液，稀释至相同体积，称取与测定试验时同样体积的试验空白溶液进行空白试验。

1）绘制工作曲线。用移液管移取 0.00mL、0.50mL、1.00mL、2.00mL、3.00mL、4.00mL、5.00mL 铁标准溶液 [1mL 溶液含铁（Fe）20μg]，分别置于 7 个 100mL 容量瓶中。

① 显色：每个容量瓶都按下述规定同时同样处理，用水稀释至约 60mL，用盐酸溶液调至 pH 值为 2（用精密 pH 试纸检查）。加 1mL 抗坏血酸溶液，然后加 20mL 缓冲溶液和 10mL 1,10-菲咯啉溶液，用水稀释至刻度，摇匀。放置不少于 15min。

② 吸光度的测定：选择适当光程的比色皿（3cm 或 4cm），于最大吸收波长（约 510nm）处，以水为参比，将分光光度计的吸光度调整到零，从 7 个容量瓶分别取溶液进行吸光度测量。

③ 绘图：从每个标准比色液的吸光度中减去试剂空白试液的吸光度，以每 100mL 含铁量为横坐标，对应的吸光度为纵坐标，绘制标准曲线。

2）试验溶液的制备。称取约 5g 试样，精确至 0.01g，置于 500mL 烧杯中，加 150mL 水。加 2 滴甲基橙指示液，滴加（1+3）盐酸溶液中和，再过量 10mL，煮沸 5min，冷却至室温。全部移入 250mL 容量瓶中，用水稀释至刻度，摇匀。

3）空白试验溶液的制备。在 500mL 烧杯中，加 150mL 水，加 2 滴甲基橙指示液，加入 15mL（1+3）盐酸溶液，煮沸 5min，冷却至室温，全部移入 250mL 容量瓶中，用水稀释至刻度，摇匀。

4）测定。用移液管移取试验溶液 10mL，置于 100mL 容量瓶中。另外用移液管移取与试液相同体积的空白试验溶液，分别置于 100mL 容量瓶中。加水至 60mL，用氨水溶液或盐酸溶液调至 pH 值为 2（用精密 pH 试纸检查）。加 1mL 抗坏血酸溶液，然后加 20mL 缓冲溶液和 10mL 1,10-菲咯啉溶液，用水稀释至刻度，摇匀。放置不少于 15min。

吸光度的测定：

显色后，按绘制工作曲线相同的步骤，测定试验溶液和空白试验溶液的吸光度。从工作曲线中查出试验溶液和空白试验溶液中铁的质量。

（5）计算　含铁量 w_3（质量分数，%）的计算公式如下：

$$w_3 = \frac{(m_1 - m_2) \times 10^{-6}}{m(V/250)} \times 100 \tag{4-5}$$

式中　m_1——从工作曲线上查得的试验溶液中铁的质量（μg）；

　　　m_2——从工作曲线上查得的空白试验溶液中铁的质量（μg）；

　　　V——移取的试验溶液的体积（mL）；

　　　m——试样的质量（g）。

取平行测定结果的算术平均值作为测定结果，2 次平行测定结果的绝对差值应不大于 0.005%。

8. 水不溶物含量

（1）试剂和材料　10g/L 的酚酞指示液。酸洗石棉，取适量酸洗石棉，浸泡在（1+3）盐酸溶液中，煮沸 20min，用布氏漏斗过滤并用水洗涤至中性（用 pH 试纸检查）。再用 50g/L 氢氧化钠溶液浸泡并煮沸 20min，用布氏漏斗过滤并用水洗涤至中性（用 pH 试纸检查 pH 值为 7~9）。用水调成稀糊状，备用。蒸馏水。

（2）装置　容量 30mL 的古氏坩埚，将古氏坩埚置于抽滤瓶上，在筛板上下各均匀地铺上厚约 3mm 处理过的酸洗石棉，用 60~80℃ 的水洗至滤液中不含石棉毛为止。取下坩埚于 105~110℃ 干燥，冷却后称重。再用热水洗涤，于 105~110℃ 干燥，冷却后称重。如此重复，直至坩埚质量恒定为止。精度为 0.001g 的天平。

（3）试验方法　称取约 5g 试样（精确至 0.01g），置于 400mL 烧杯中，用约 300mL 60~80℃ 的水溶解，用已于 105~110℃ 干燥至质量恒定的古氏坩埚过滤，用 60~80℃ 的水洗涤残渣至无碱性反应（用 pH 试纸检查 pH 值为 7~9）为止。将坩埚和残渣于 105~110℃ 干燥至质量恒定。

（4）计算　水不溶物含量 w_4（质量分数，%）的计算公式如下：

$$w_4 = \frac{m_2 - m_1}{m} \times 100 \tag{4-6}$$

式中　m_1——古氏坩埚的质量（g）；

　　　m_2——水不溶物与古氏坩埚的质量（g）；

　　　m——试样的质量（g）。

取平行测定结果的算术平均值作为测定结果，2 次平行测定结果的绝对差值应不大于 0.02%。

4.2.2 有机酯的性能检测

有机酯是水玻璃砂最常用的液态硬化剂，通常有甘油二乙酸酯、甘油三乙酸酯或它们的混合物，它们硬化反应的速度，一般取决于在水中的溶解度和水解速度。有机酯硬化剂目前尚无国家标准、行业标准，其质量指标各厂均有所不同。

1. 密度

密度是指在规定温度（20℃）下，单位体积内所含有机酯的质量分数，常用 g/cm³ 表示。测定方法与 4.2.1 节密度（密度计法）相同。

2. 黏度

同 4.2.1 节黏度。

3. 酯含量

（1）定义　将样品注入气相色谱仪，气化后经毛细管色谱柱分离，流出物用氢火焰离子化检测器检测，用面积归一化法定量。

（2）试剂和材料　载气为 99.999% 以上纯度的氮气；辅助气体为空气和高纯氢气；纯度为 99.7% 以上的无水乙醇。

（3）装置　配置分流/不分流进样口和氢火焰离子化检测器的气相色谱仪；色谱柱为熔融石英毛细管柱，长度为 30m，内径为 0.32mm，固定相为 5% 苯基甲基聚硅氧烷，膜厚 1.0μm。

（4）试样制备　准确移取 0.5mL 有机酯样品于 50mL 容量瓶中，以无水乙醇定容，制取 2 个平行试样。

（5）试验方法　操作条件见表 4-1。

表 4-1　操作条件

进样口温度/℃	250
程序升温	130℃ 保持 2min，以 10℃/min 的速率升至 250℃，保持 5min
检测器温度/℃	280
柱流量/mL·min⁻¹	1.5
分流比	30∶1
进样量/μL	1.0

分析步骤：按表 4-1 所示的操作条件调节仪器；以无水乙醇做空白试验，确认检测系统的有效性；对试样进行测定，用面积归一化法定量。

（6）计算　有机酯含量 C（%）的计算公式如下：

$$C = \frac{A}{\sum\limits_{i=0}^{n} A_i} \times 100 \tag{4-7}$$

式中　A——有机酯的峰面积（cm^2）；

$\sum_{i=0}^{n} A_i$——各组分的峰面积之和（乙醇峰不计）（cm^2）。

测试结果取 2 次平行测定值的算术平均值，保留小数点后 1 位。2 次测定值之差不应大于 0.2%。

4.2.3　水玻璃砂的性能检测

水玻璃砂是以适当比例的原砂和水玻璃（有时配有其他辅助材料）的混合物，是用于铸造造型的一种型砂。水玻璃砂诞生至今已有 70 多年历史。70 多年来，水玻璃砂的工艺技术不断改进、创新、发展。有人按水玻璃砂硬化剂的改进将其划分为三代：第一代为气态硬化剂（二氧化碳）；第二代为固态硬化剂（如硅铁粉、赤泥等）；第三代为液态硬化剂（有机酯）。每一代的进步不仅体现在工艺技术简化方面，更体现在工艺性能的改善方面。尤其是以有机酯为硬化剂的第三代水玻璃砂，大幅度降低了型砂中水玻璃的加入量，使砂型溃散性得以根本改善，为水玻璃砂在铸造生产中进一步扩大应用范围注入了新的生命力。随着有机酯水玻璃自硬砂旧砂湿法再生技术开发成功，有机酯水玻璃自硬砂工艺已趋于完善，在保证铸件质量、降低生产成本、资源循环利用、生态环境友好等方面都具有显著优势。

目前，水玻璃砂主要有有机酯和二氧化碳两种硬化方法。

1. 有机酯自硬法

此法采用液体的有机酯代替二氧化碳气体作水玻璃的硬化剂。这种硬化工艺有以下优点：型（芯）砂具有较高的强度，水玻璃加入量可降至 3.5% 以下；冬季硬透性好，硬化速度可依生产及环境条件通过改变黏结剂和固化剂种类而调整（5~150min）；型（芯）砂溃散性好，铸件出砂清理容易，旧砂易干法再生，回用率≥80%，减少水玻璃碱性废弃砂对生态环境的污染，节约废弃砂的运输、占地等费用，节约优质硅砂资源；型砂热塑性好，发气量低，可以克服呋喃树脂砂生产铸钢件时易出现的裂纹、气孔等缺陷；可以克服二氧化碳水玻璃砂存在的砂型表面安定性差、容易过吹等工艺问题，铸件质量和尺寸精度可与树脂砂相媲美；在所有自硬砂工艺中生产成本最低，劳动条件好。

该硬化工艺的主要缺点：型芯砂硬化速度较慢，流动性较差。在日常工艺控制中通常检验下列指标。

（1）抗拉强度

1）定义。水玻璃砂的抗拉强度是指型砂抵抗外力破坏的能力。强度低会造成浇注时出现金属液冲垮砂型、砂型坍塌、不能浇注的现象。

2）试剂和材料。符合 GB/T 25138—2010《检定铸造黏结剂用标准砂》规定的标准砂；供需双方商定的有机酯。

3）装置。SWY型液压强度试验机；SHY型树脂砂混砂机；"8"字形标准试块木质模具（模具内"8"字形标准尺寸按GB/T 2684—2009执行）；10kg台秤；分度值为0.01g的天平。

4）试样制备。

① 试验条件：砂温20℃±2℃，室温20℃±2℃；相对湿度50%±5%。

② 混合料的配制：取标准砂1800g，放入混砂机，开始搅拌后即加入6.48g有机酯固化剂，搅拌1min，再加入水玻璃54g，搅拌1min后出料，存放于密闭容器中备用。

③ 制样：将混合料填入模具中，手工捣实每个试样，并刮去多余的混合料，达到起模强度时，打开模具。每组5块试样，试样应在5min内制作完毕。

④ 放置硬化：将已打好的试样在规定的条件下分别放置1h、2h、4h和24h。

5）试验方法。按GB/T 2684—2009《铸造用砂及混合料试验方法》的规定测试样的抗拉强度，即可得到混合料的小时强度值和终强度（即24h强度）值。

6）计算。测定5个试样强度值，去掉最大值和最小值，将剩下的3个数值取平均值作为试样强度值。3个数值中任何一个数值与平均值相差不得超过10%，如果超过，应从试样制备开始重新试验。

（2）可使用时间

1）定义。水玻璃砂的可使用时间指混砂后至型砂能用以制作出合格型（芯）的时间。可使用时间过大，会造成砂型起模时间过长，生产周期变长；可使用时间过小，复杂砂型制作时间不够，铸件表面粗糙度变差的概率增加。

2）试剂和材料。同（1）抗拉强度试剂和材料。

3）装置。同（1）抗拉强度装置。

4）试样制备。试验条件与混合料的配制内容同抗拉强度测试的试样制备。

将混合料填入模具中，手工捣实每个试样，并刮去多余的混合料，达到起模强度时，打开模具。每组5块试样，试样应在5min内制作完毕，编号为1。

每隔15min制备一组试样，编号依次为2、3，直至第N组，在规定的试验条件存放24h。

5）试验方法。每组试样存放24h立即用液压强度试验机测定抗拉强度，去掉最大值和最小值后，取平均值作为该试样的抗拉强度，选出其强度与第1组试样强度相比下降了30%的试样编号N。

6）计算。可使用时间的计算公式如下：

$$T = (N-1) \times 15 \qquad (4\text{-}8)$$

式中　T——可使用时间（min）；

　　　N——强度下降30%的试样编号。

2. 普通二氧化碳气硬法

此法是水玻璃黏结剂领域里应用最早的一种快速成型工艺，由于设备简单，操作方便，使用灵活，成本低廉，在国内外大多数的铸钢件生产中得到了广泛的应用。

二氧化碳气体硬化水玻璃砂的主要优点：硬化速度快，强度高；硬化后起模，铸件精度高。缺点：型（芯）砂强度低，水玻璃加入量（质量分数）往往偏高；含水量大，易吸潮；冬季硬透性差；溃散性差，旧砂再生困难，大量旧砂被废弃，造成环境的碱性污染。在日常工艺控制中通常检验下列指标：

（1）抗压强度

1）定义。水玻璃砂的抗压强度是指型砂抵抗外力破坏的能力。强度低会造成浇注时出现金属液冲垮砂型、砂型坍塌、不能浇注的现象。

2）试剂和材料。符合 GB/T 25138—2010《检定铸造黏结剂用标准砂》规定的标准砂；瓶装二氧化碳。

3）装置。SWY 型液压强度试验机；SHY 型树脂砂混砂机；圆柱形标准试样木质模具（模具内圆柱形标准尺寸按 GB/T 2684—2009《铸造用砂及混合料试验方法》执行）；10kg 台秤；精度为 0.01g 的天平。

4）试样制备。

① 试验条件：砂温 20℃±2℃；室温 20℃±2℃；相对湿度 50%±5%。

② 混合料的配制：取标准砂 1800g，放入混砂机，开始搅拌后即加入水玻璃 90g，搅拌 1min 后出料。

③ 制样：将混合料填入模具中，手工捣实每个试样，并刮去多余的混合料。每组制备 5 个 ϕ50mm×50mm 试样，试样应在 5min 内制作完毕。

④ 吹气硬化：吹入二氧化碳气体 20~30s，压力保持在 0.10MPa±0.01MPa，流量控制在 50L/min。

5）试验方法。按 GB/T 2684—2009《铸造用砂及混合料试验方法》的规定测试样的抗压强度，吹气完毕起模后立即测试，可得到混合料的即时强度值；将试样放置 24h 后测试，即可得到混合料的终强度（即 24h 强度）值。

6）计算。测定 5 个试样强度值，去掉最大值和最小值，将剩下的 3 个数值取平均值作为试样强度值。3 个数值中任何一个数值与平均值相差不得超过 10%，如果超过，应从试样制备开始重新试验。

（2）表面安定性

1）定义。水玻璃砂表面安定性指其试样经过二氧化碳硬化后，在存放过程中表面强度下降的程度，以试验前后试样变化的质量百分数来表示。表面安定性较小时，铸件的粗糙度会偏大，表面质量较差。

2）装置。振动式标准筛；其他同（1）抗压强度装置。

3）试样制备。按抗压强度中试样制备步骤②~④制备 $\phi50mm\times50mm$ 试样 5 件。在规定试验条件下自然硬化 24h，称其质量，然后去掉最大值和最小值，计算出 3 块试样的平均值，每块试样质量与平均值的差值不应超过 10%，如果超过，应从混合料的配制开始重新试验。

4）试验方法。每块试样称重，分别记为 W_{1a}、W_{1b}、W_{1c}，精确至 0.1g，分别置于标准筛 14 目筛盘中，开机计时，振动 2min 停振，再称其质量，分别记为 W_{2a}、W_{2b}、W_{2c}，精确至 0.1g。

5）计算。表面安定性以 SSI（%）表示，计算公式如下：

$$SSI = \frac{W_{2a}+W_{2b}+W_{2c}}{W_{1a}+W_{1b}+W_{1c}} \times 100 \tag{4-9}$$

3. 有机酯/二氧化碳硬化水玻璃砂

（1）含水量

1）定义。水玻璃砂的含水量指在 105~110℃下烘干除去的水分含量。含水量如果偏大，铸件浇注时因水分气化容易引起水爆而使铸件产生浇不足、气孔和铸件表面粘砂等缺陷。

2）装置。分度值为 0.01g 的天平；室温至 200℃连续可调电热循环的烘箱。

3）试验方法。从强度试样制备处取样，称取 $50g\pm0.1g$（m_1）平铺于玻璃器皿中，放入 105~110℃的烘箱中烘 30min，冷却至室温后称重。重复烘干步骤，每隔 15min 称重一次，直至误差小于 0.02g，即为恒重（m_2）。

4）计算。水玻璃砂的含水量以 W（%）表示，计算公式如下：

$$W(\mathrm{H_2O}) = \frac{m_1-m_2}{m_1} \times 100 \tag{4-10}$$

式中　m_1——烘干前水玻璃砂试样的质量（g）；

　　　m_2——烘干后水玻璃砂试样的质量（g）。

（2）透气性

1）定义。水玻璃砂的透气性指紧实的砂样允许气体通过的能力，通常分为湿态透气性和干态透气性。透气性过低，铸件容易产生气孔缺陷。而透气性过高，则容易引起铸件表面粗糙和产生机械粘砂缺陷。

2）装置。直读式透气性测定仪；锤击式制样机。

3）试样制备。

① 从抗拉/抗压强度用混合料制备处取样，放满制样筒，并刮平。

② 将制样筒放到锤击式制样机底座上，锤击 3 次，完成制样。

③ 在规定条件下，抗拉试样自然硬化 24h，抗压试样吹二氧化碳硬化后放置 24h，用于测定干态透气性。

4）试验方法。

① 将试样筒放到直读式透气性试样座上，使两者紧密贴合。

② 将旋钮转至工作位置，这样即可从微压表上直接读取透气性的数值。

③ 当试样的透气性大于或等于 50 时，应采用 $\phi 1.5mm$ 的大阻流孔，当透气性小于 50 时，应采用 $\phi 0.5mm$ 的小阻流孔。

（3）发气性

1）定义。水玻璃砂型（芯）受热时析出气体的能力称为发气性，用单位质量型（芯）砂析出的气体体积量表示，单位为 mL/g，发气量较大时，铸件容易产生气孔缺陷。

2）装置。GET-Ⅲ发气性测定仪；精度为 0.01g 的天平；常温至 300℃ 的电热循环烘箱；不锈钢舟或瓷舟。

3）试样制备。从测定 24h 强度的水玻璃砂断试块中随机选取 6 块，在干燥器中放置 24h，再随机选取 3 块，从这 3 个试块的断面均匀磨取试样 10g 左右，将试样在恒温 105℃±5℃ 烘箱中烘 2h，取出放入干燥器中冷却至室温备用。

4）试验方法。GET-Ⅲ发气性测定仪升温至相应测定温度 850℃ 后，称取试样 1.00g 置于试样舟中（使用前试样舟需经 1000℃ 灼烧 30min，置于干燥器中冷却到室温），在监控状态下，将试样舟送入发气性测定仪的石英管红热部分，迅速用塞子将管口封闭，同时发气性测定仪的记录部分开始工作，记录数据。

5）计算。记录其发气速度和最大发气量，取 3 次平行测定结果的平均值作为该试样的测定结果，其中任何一个试验结果与平均值相差超出 10% 时，试验应重新进行。

（4）吸湿性

1）定义。吸湿性是指硬化后的型（芯）从空气中吸收水分的能力，以及致使其强度下降的程度，以试样强度下降的趋势来表示。吸湿性过大会造成砂型可存放时间缩短，造成铸件出现气孔等缺陷，严重时会出现砂型不能浇注的现象。

2）装置。同 4.2.3 节抗压强度装置。

3）试样制备。

① 按抗拉强度检测中制备 3 组（每组 5 个）"8" 字形试样，在规定试验条件下分别放置 24h、48h、72h。

② 按抗压强度检测中制备 3 组（每组 5 个）$\phi 50mm \times 50mm$ 试样，吹二氧化碳后，在规定试验条件下放置 24h、48h、72h。

4）试验方法。按 GB/T 2684—2009《铸造用砂及混合料试验方法》的规定分别测定放置 24h、48h、72h 试样的抗拉或抗压强度。

5）计算。

① 去掉测定强度的最大值和最小值，将剩下的三个数值取平均值作为每组试样的强度，三个数值中任何一个数值与平均值相差不应超过 10%，如果超过，

应重新试验。

② 以放置时间为横坐标、强度为纵坐标，绘制强度下降曲线，以此表示砂型（芯）吸湿的程度。

（5）溃散性

1）定义。水玻璃砂在浇注后自行溃散的能力称为溃散性。溃散性越差，砂型出砂性越差、铸后清砂和落砂越困难。

2）装置。室温至850℃连续可调的马弗炉；SWY型液压强度试验机。

3）试样制备。

① 按抗拉强度检测中制备5个"8"字形试样，在规定试验条件下自然硬化24h。

② 按抗压强度检测中制备5个ϕ50mm×50mm试样，吹二氧化碳后，在规定试验条件下放置24h。

4）试验方法。将马弗炉调至规定的试验温度；将放置24h的5个试样放入马弗炉，保温一定时间；取出试样让其自然冷却至室温，按GB/T 2684—2009《铸造用砂及混合料试验方法》的规定测定试样的抗拉或抗压残余强度。

5）计算。去掉测定强度的最大值和最小值，将剩下的3个数值取平均值作为试样在一定温度条件的残余强度，残余强度越大表示其溃散性越差。3个数值中任何一个数值与平均值相差不应超过10%，如果超过，应重新试验。

4.3 无机覆膜湿态砂及其原材料的性能检测

4.3.1 无机覆膜湿态砂用硅酸盐黏结剂的性能检测

铸造用无机覆膜湿态砂用硅酸盐黏结剂是一种绿色环保的、无色或微黄色半透明液体，部分替代铸造用酚醛树脂，其在应用过程中安全、环保、无毒、无味、无粉尘，可以有效地减少碳排放，非常有潜力为铸造企业的绿色化生产贡献力量。

1. 外观

无色或微黄色液体。

2. 密度

（1）指标要求　密度为1.3～1.6g/cm³。

（2）测试方法　取20℃±1℃硅酸盐黏结剂溶液约500mL于500mL量筒中，把密度计轻轻放入溶液中，待稳定后读出密度对应数值即可。

3. 黏度

（1）分级　铸造无机覆膜湿态砂用硅酸盐黏结剂按黏度分级见表4-2。

表 4-2　铸造无机覆膜湿态砂用硅酸盐黏结剂按黏度分级

代号	3	2	1
黏度/s	>20	15~20	10~15

（2）测试方法　取约 200g 硅酸盐黏结剂试样倒入 200mL 烧杯中，将其放入 25℃±1℃ 的恒温水浴中，同时使涂 4 黏度杯（铜质）保持在 25℃ 左右，杯内腔应干净。测黏度时，先用手指堵住黏度杯漏嘴，将 25℃ 的硅酸盐黏结剂试样倒入黏度杯内，倒满后用玻璃棒刮平杯面试样液，黏度杯下方放一个烧杯，然后放开黏度杯漏嘴，同时开动秒表计时，直至杯内流出的黏结剂断流，立即停止计时并记下时间（s）。重复上述试验，3 次记录的时间平均值即为该硅酸盐黏结剂的涂 4 黏度值。

4. 保质期

12 个月（保存温度≥17℃），当黏结剂中出现析出物，通常加热即可溶解并可继续使用，如不溶解即视为失效。

4.3.2　无机覆膜湿态砂的性能检测

1. 常温抗弯强度

（1）分级　硅酸盐黏结剂覆膜湿态砂按常温抗弯强度分级见表 4-3。

表 4-3　硅酸盐黏结剂覆膜湿态砂按常温抗弯强度分级

分级	5	4	3
常温抗弯强度/MPa	≥5.0	≥4.0	≥3.0

（2）试验方法　抗弯强度试样的尺寸为 22.36mm×22.36mm×170mm。采用温芯盒射芯机，先将试样模具加热至 160℃±5℃，然后通过射砂装置将砂由砂筒射入模具内，射砂压力为 0.50MPa±0.05MPa，保压时间为 5s，刮平模具上多余的砂，开始计时，保温 80s±2s 后取出试样。

制样后，将试样放于干燥处自然冷却到室温，在 30~60min 内测量，测量方法同热态抗弯强度，常温抗弯强度直接从测试仪上读出。

2. 热态抗弯强度

（1）指标要求　热态抗弯强度≥1.0MPa。

（2）测试方法　将抗弯试样放置到强度试验机的两支点刃口上（支点距离为 150mm），加载的单刃口则垂直于试样的中部均匀加载，直至试样断裂。要求取出试样到测定完成的时间不超过 10s，热态抗弯强度直接从测试仪上读出。

3. 流动性

（1）分级　硅酸盐黏结剂覆膜湿态砂按流动性分级见表 4-4。

表 4-4　硅酸盐黏结剂覆膜湿态砂按流动性分级

分级	8	6	4	2
流动性/g	≥8.0	≥6.0	≥4.0	≥2.0

（2）测试方法　在 ϕ50mm 试样筒（内壁光滑）的侧面开一个 ϕ12mm 的小孔（圆心到试样筒底的高度为 16mm），试验前先将孔用柱塞塞住，称取 185g 无机黏结剂覆膜湿态砂倒入试样筒中，将试样筒放在制样机上，拔去柱塞后冲击 10 次。用顶柱将试样顶出。然后将留在孔中的型砂刮下，同被挤出的砂子一起称量，其质量 m 即为无机黏结剂覆膜湿态砂的流动性。

4. 常温抗拉强度/热态抗拉强度

（1）试样制备　用 "8" 字形标准试样，试样的尺寸按 GB/T 2684—2009《铸造用砂及混合料试验方法》中的规定执行。

（2）试验方法　采用温芯盒射芯机，先将试样模具加热至 160℃ ±5℃，然后通过射砂装置将砂由砂筒射入模具内，射砂压力为 0.50MPa±0.05MPa，保压时间为 5s，刮平模具上多余的砂，开始计时，保温 80s±2s 后取出试样。

（3）热态抗拉强度的测定　按规定制样、取出试样后，立即在试样机上拉断。要求取出试样到测定完成的时间不超过 10s，热态抗拉强度直接从测试仪上读出。

（4）常温抗拉强度的测定　按规定制样、取出试样后，将试样放于干燥处自然冷却到室温，在 30～60min 内测量，常温抗拉强度直接从测试仪上读出。

5. 发气量

试验方法　将常温抗拉强度试样断口处磨下来的砂子作为测定发气量的试样，并保存在干燥器中。将发气性测定仪升温至 750℃ ±2℃，称取 1.00g±0.01g 试样，均匀置于瓷舟中（瓷舟预先经 750℃ ±2℃ 灼烧 30min 后置于干燥器中冷却至室温待用），然后将瓷舟迅速送入石英管红热部位，并封闭管口，记录仪开始记录试样的发气量，在 3min 内读取测定仪记录的最大数据作为试样的发气量值。

6. 抗吸湿性

（1）指标要求　抗吸湿性≤40%。

（2）试验方法　按照 4.3.2 节常温抗拉强度/热态抗拉强度制样方法制样，放至室温（25℃，70% RH）后测其常温抗拉强度值 F_0，同时试样在 25℃、下面加氯化钾饱和溶液的干燥器中（85% RH）放置 8h，取出测其抗拉强度值 F_1。

抗吸湿性以 w 表示，计算公式如下：

$$w = \frac{F_0 - F_1}{F_0} \times 100 \qquad (4-11)$$

式中　F_0——常温抗拉强度（MPa）；

F_1——标准抗拉试样在 25℃，下面加氯化钾饱和溶液的干燥器中放置 8h
　　　的常温抗拉强度（MPa）。

7. 残余强度

（1）指标要求　残余强度≤0.2MPa。

（2）试样制备　同 4.3.2 节常温抗拉强度/热态抗拉强度试样制备。

（3）试验方法　试样放至室温后，在 75℃±20℃马弗炉保持 30min，取出冷
却至室温的抗拉强度即为该硅酸盐黏结剂覆膜湿态砂的残余强度。

8. 平均细度

平均细度由供需双方协商确定。

思　考　题

1. 水玻璃砂目前主要有哪两种固化工艺？其主要工艺特点是什么？
2. 影响酯固化水玻璃砂型（芯）硬透性的主要因素有哪些？
3. 水玻璃砂主要有哪些性能指标？它们对铸造质量有哪些影响？
4. 水玻璃砂性能检测时对温度、湿度有何要求？为什么？
5. 如何检测二氧化碳固化水玻璃砂的抗拉强度？
6. 如何检测有机酯固化水玻璃砂的抗压强度？
7. 水玻璃砂在日常工艺控制中，主要控制几种强度？为什么？
8. 水玻璃砂强度检测应注意哪些问题？
9. 什么是水玻璃砂可使用时间？如何调整？
10. 水玻璃砂的溃散性如何检测？如何改进？
11. 你对水玻璃砂性能指标种类、检测方法、质量调控有何建议？
12. 你对水玻璃砂检测要"精准计量，匠心操作"有何体会？

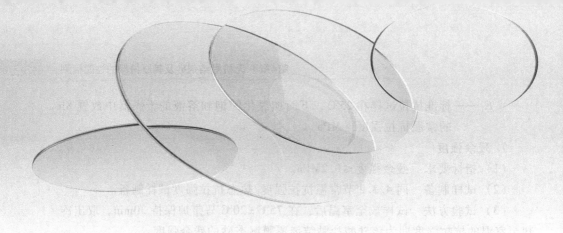

第5章　有机黏结剂砂及其原材料的性能检测

5.1　概述

树脂砂铸造工艺，推动了铸造生产技术的进步和发展。树脂砂是以人工合成树脂作为砂粒黏结剂的型（芯）砂。用树脂砂制成型（芯）砂后，通过固化剂的作用，树脂发生不可逆的交联而硬化，使型（芯）砂建立起足够的强度。

我国自20世纪50年代开始，树脂砂工艺发展很快，已经形成门类齐全的树脂砂产业链。其中最为突出的是研发成功多种能适应多种工艺场合的树脂及其配套固化剂，通常按树脂的化学结构可以分成：呋喃树脂、酚醛树脂、酚脲烷树脂三大类和其他树脂。按固化温度，铸造树脂可以分成：室温自硬树脂（自硬呋喃树脂、自硬碱性酚醛树脂、自硬酚脲烷树脂）、胺法冷芯盒树脂和加热硬化树脂（包括覆膜砂用树脂、热芯盒用树脂）。目前，铸造生产应用的主流树脂砂有自硬呋喃树脂砂、胺法冷芯盒树脂砂、自硬酚脲烷树脂砂、自硬碱性酚醛树脂砂、覆膜酚醛树脂砂。

本章重点介绍树脂砂的主要性能指标、检测方法和它们对铸造质量的影响。

在铸造行业，树脂砂性能的检测方法一般分为日常工艺管控型和标准检验型两种。日常工艺管控型检测是铸造厂为控制日常质量而进行的检测，其原材料、混合料配制、型（芯）技术质量指标等都按该铸造厂的工艺要求，检测方法参照相关国家标准或行业标准进行。如从检测结果发现异常变化，则应及时寻找原因，及时调控，以免铸件出现大量废品。

5.2　呋喃树脂砂及其原材料的性能检测

5.2.1　呋喃树脂的性能检测

呋喃树脂是在结构中含呋喃环，由糠醇、甲醛、尿素或苯酚等原料合成的热固性树脂。铸造生产中，一般按比例先在砂中加入磺酸类固化剂混匀，再加入呋喃树脂混合均匀后出砂，填入芯盒，经一定时间型（芯）硬化建立起足够的强度。

呋喃树脂按其氮含量的高低分为无氮、低氮、中氮和高氮树脂。呋喃树脂产品通常控制其密度、黏度、游离甲醛、氮含量、游离苯酚、水分、常温抗拉强度等指标。现行行业标准 JB/T 7526—2008《铸造用自硬呋喃树脂》界定了它的主要技术质量指标及其标准型检测方法。

1. 外观

外观采用目测法，呋喃树脂为淡黄色至棕色透明或半透明的均匀液体。

2. 密度（密度计法）

（1）定义　密度是指在规定温度下，单位体积内所含树脂的质量，常用 g/cm^3 表示，可用密度计测定。

（2）装置　玻璃密度计；透明玻璃制成的圆筒形密度计量筒，其内径至少要比所用的密度计外径大 25mm，量筒高度应能使密度计在试样中漂浮时，密度计底部与量筒底部的间距至少有 25mm；全浸式温度计；尺寸大小能容纳密度计量筒的恒温浴，在试验期间，控温精度要能达到 ±0.25℃；450mm 的玻璃搅拌棒。

（3）试验方法

1）在试验温度下把试样转移到温度稳定、清洁的密度计量筒中，避免试样飞溅和生成空气泡。

2）用一片清洁滤纸除去试样表面上形成的所有气泡。

3）把装有试样的量筒垂直地放在没有空气流动的地方。在整个操作期间，环境温度变化应不大于±2℃，当环境温度变化大于±2℃时，应使用恒温浴，以免温度变化太大。

4）用合适的温度计或搅拌棒做垂直旋转运动搅拌试样，使整个量筒中试样的密度和温度达到均匀。记录温度精确到 0.1℃。从密度计量筒中取出温度计或搅拌棒。

5）把合适的密度计放入液体中，达到平衡位置时放开，让密度计自由地漂浮，要注意避免弄湿液面以上的干管。把密度计按到平衡点以下 1～2mm，并让它回到平衡位置，观察弯月面形状。如果弯月面形状改变，应清洗密度计干管，重复此项操作直到弯月面形状保持不变。由于干管上多余的液体会影响读数，密度计干管液面以上部分应尽量减少残留液。

6）在放开时，要轻轻地转动一下密度计，使它能在离开量筒壁的地方静止下来自由漂浮。要有充分的时间让密度计静止，并让所有气泡升到表面，读数前要除去所有气泡。

7）当密度计离开量筒壁自由漂浮并静止时，读取密度计刻度值，读到最接近刻度间隔的1/5。

8）记录密度计读数后，立即小心地取出密度计，并用温度计垂直地搅拌试样。记录温度接近到0.1℃，如这个温度与开始试验温度相差大于0.5℃，应重新读取密度计和温度计读数，直到温度变化稳定在±0.5℃以内。如果不能得到稳定的温度，把密度计量筒及其内容物放在恒温浴内，再从步骤3）重新操作。

3. 黏度

同4.2.1节黏度。

4. 游离甲醛含量

（1）定义　游离甲醛指树脂中未参与反应的呈游离状态的甲醛，用其质量占树脂质量的百分比来表示。

游离甲醛和氯化铵在氢氧化钠的作用下，定量地生成六亚甲基四胺，用盐酸标准溶液中和过量的氢氧化钠，即可求出游离甲醛含量。

其反应式如下：

$$6HCHO+4NH_4Cl+4NaOH \rightarrow (CH_2)_6N_4+4NaCl+10H_2O$$

$$NaOH+HCl \rightarrow NaCl+H_2O$$

（2）试剂和材料　除特殊注明外，所用标准滴定溶液、制剂及制品均按GB/T 601—2016《化学试剂　标准滴定溶液的制备》、GB/T 603—2002《化学试剂　试验方法中所用制剂及制品的制备》的规定制备，实验室用水应符合GB/T 6682—2008《分析实验室用水规格和试验方法》中对三级水的规定。

分析纯0.5mol/L氢氧化钠；分析纯盐酸，0.5mol/L标准滴定溶液；分析纯10%溶液氯化铵；溴百里酚蓝指示剂，0.1%乙醇溶液；分析纯无水乙醇。

（3）装置　250mL碘量瓶；50mL、分度值为0.1mL的A级滴定管；25mL、10mL的A级单标记移液管；精度为0.0001g的分析天平；磁力搅拌器；分度值为0.01pH的酸度计。

（4）试验方法　用减量法称取树脂样品3.5~4.0g（精确到0.0002g），置于250mL碘量瓶中，加入25mL无水乙醇，使试样溶解，再加入10mL 10%氯化铵溶液和25mL 0.5mol/L氢氧化钠溶液（注意不可颠倒加料顺序），塞紧瓶盖加入少量蒸馏水。在20℃温度下放置0.5h后，加入0.1%溴百里酚蓝指示剂4滴，摇匀后用 0.5mol/L 盐酸标准溶液进行滴定，近终点时将样品移至 250mL 烧杯中，放在磁力搅拌器上用酸度计控制 pH 值为 7.0，即达终点。同时做空白试验。

空白试验：除不加试样外，须与测定采用完全相同的分析步骤、试剂和用量（滴定中标准溶液的用量除外），并与试样测定同时平行进行。

（5）计算　游离甲醛含量 y（质量分数，%）表示，计算公式如下：

$$y = \frac{(V_0 - V)c \times 0.04503}{m} \times 100 \tag{5-1}$$

式中　V_0——空白试验中消耗盐酸标准滴定溶液的体积（mL）；

V——样品测定中消耗盐酸标准滴定溶液的体积（mL）；

c——盐酸标准滴定溶液的浓度（mol/L）；

m——样品质量（g）；

0.04503——与 1mL 盐酸标准滴定溶液相当的甲醛的质量（g）。

取平行测定结果的算术平均值作为树脂游离甲醛含量的测定结果，允许的相对偏差不大于 10%。

5. 氮含量

（1）定义　将有机化合物中的氮转变成氨，以硼酸溶液吸收蒸馏出的氨，然后用酸碱滴定法测定氮含量。

（2）试剂和材料　分析纯盐酸，0.1mol/L 标准滴定溶液；分析纯浓硫酸；分析纯过硫酸钾；分析纯 50% 氢氧化钠溶液；甲基红-溴甲酚绿混合指示剂；分析纯无水硫酸铜；分析纯 4% 硼酸溶液。

（3）装置　500mL 凯氏定氮瓶；600mm 直形冷凝管；500mL 锥形瓶；50mL、分度值为 0.1mL 的 A 级酸式滴定管。

（4）试验方法　用减量法称取树脂样品 0.1~0.8g（精确至 0.0002g），置于 500mL 凯氏定氮瓶中，加入 0.2g 硫酸铜，10g 过硫酸钾及 10mL 浓硫酸，瓶口置一个玻璃漏斗，然后将烧瓶按图 5-1 所示放好。缓缓加热，使溶液温度保持在沸点下。泡沫停止发生后强火使其沸腾，溶液由黑色逐渐转为透明，再继续加热 30min 后冷却。加入 200mL 水于凯氏定氮瓶中，摇动，使盐类全部溶解，放入少许玻璃珠，沿瓶壁慢慢加入 50mL 氢氧化钠溶液（50%）流至瓶底，迅速按图 5-2 装好蒸馏装置，并将冷凝管插入吸收器（即 500mL 锥形瓶）液面下 3~4mm 处，吸收器内盛 4% 硼酸溶液 50mL，以电炉直接加热凯氏定氮瓶，待吸收器内溶液达到 200mL 左右时，用 pH 试纸试之，蒸馏液呈无碱性；或凯氏定氮瓶内产生爆沸时，表示蒸馏已结束。取下吸收器，用蒸馏水洗涤冷凝管，洗液并入原吸收器溶液中，加入甲基红-溴甲酚绿混合指示剂 6 滴，以盐酸标准溶液滴定至溶液变为粉红色为终点，同时做空白试验。

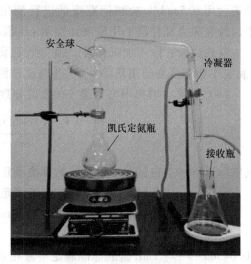

图 5-1　树脂消解装置　　　　　　　图 5-2　蒸馏与吸收装置

空白试验：除不加试样外，须与测定采用完全相同的分析步骤、试剂和用量（滴定中标准滴定溶液的量除外），并与试样测定同时平行进行。

（5）计算　氮含量以 d（%）表示，计算公式如下：

$$d = \frac{(V-V_0)c \times 0.01401}{m} \times 100 \tag{5-2}$$

式中　V_0——空白消耗盐酸标准滴定溶液的体积（mL）；

　　　V——样品消耗盐酸标准滴定溶液的体积（mL）；

　　　c——盐酸标准滴定溶液的浓度（mol/L）；

　　　m——样品质量（g）；

0.01401——与 1mL 盐酸标准滴定溶液相当的氮的质量（g）。

取平行测定结果的算术平均值作为树脂氮含量的测定结果，其允许相对偏差不大于 5%。

6. 游离苯酚含量

（1）定义　游离苯酚含量指在含有苯酚成分的树脂中，未参与反应的呈游离状态的苯酚质量占树脂质量的百分比。

树脂样品直接汽化、流经色谱柱，使各组分分离，再经过检测器检测，测得各组分峰面积，用内标法定量计算树脂中游离苯酚含量。

（2）试剂和材料　分析纯无水乙醇；化学纯间甲酚；色谱纯苯酚；载气为含量≥99.999% 的高纯氮气；燃气为含量≥99.999% 的氢气；净化空气。

（3）装置　氢火焰离子化检测器气相色谱仪，灵敏度和稳定性符合 GB/T 9722 的规定；色谱柱为 HP-5 毛细管柱，15m×0.53mm×1.5μm；1.0μL 微量进样器；色谱数据工作站或数据处理机；50mL 比色管；精度为 0.0001g 的分析天平。

（4）试验方法 色谱柱的典型分离条件为：汽化温度 180℃，色谱柱温 100℃，检测器温度 200℃；载气流速 10mL/min，氢气流速 35mL/min，空气流速 350~400mL/min。

在满足苯酚和间甲酚的分离度 $R>1.5$ 的条件下，可由操作者选择合适的操作条件。

1）相对校准因子的测定。标样的制备：在 50mL 具塞量筒中分别称取 0.02g 间甲酚（均精确至 0.0001g），然后分别加入 0.005g、0.01g、0.03g、0.05g、0.07g 标准苯酚（均精确至 0.0001g），用乙醇稀释至刻度后充分摇匀。

在所确定的稳定的色谱分离条件下进样 0.5μL，迅速注入色谱仪中。各组分出峰完毕后，记录苯酚和间甲酚峰面积。

2）样品的测定。称取树脂样品 10g 置于 50mL 比色皿中，加入间甲酚 0.02g（均精确至 0.0001g），用乙醇稀释至刻度，摇匀待测。

按气相色谱仪及数据处理机或者色谱工作站要求的条件开机，保持与测定校准因子时相同的分离条件。待仪器稳定后，用 1.0μL 微量进样器取 0.5μL 树脂试样，迅速注入气相色谱仪汽化室中，待各组分出峰完毕，由色谱数据处理机或工作站测量峰面积，采用内标法计算树脂中游离苯酚含量。

（5）计算 苯酚相对校正因子以 $f_{\frac{i}{s}}$ 表示，计算公式如下：

$$f_{\frac{i}{s}} = \frac{A_s m_i}{A_i m_s} \tag{5-3}$$

式中　m_s——间甲酚的质量（g）；

$\quad\quad m_i$——苯酚的质量（g）；

$\quad\quad A_i$——苯酚的峰面积（mm^2）；

$\quad\quad A_s$——间甲酚的峰面积（mm^2）。

树脂中游离苯酚含量 P（质量分数，%）的计算公式如下：

$$P = \frac{A_i f_{\frac{i}{s}} m_s}{A_s m_i} \times 100 \tag{5-4}$$

式中　A_i——试样中苯酚的峰面积（mm^2）；

$\quad\quad A_s$——间甲酚的峰面积（mm^2）；

$\quad\quad m_s$——间甲酚的质量（g）；

$\quad\quad m_i$——试样的质量（g）；

$\quad\quad f_{\frac{i}{s}}$——相对校正因子。

（6）注意事项 为了保证检测结果的准确性和重现性，在气相色谱仪性能正常的前提下，还要注意以下方面的操作：

1）进样时手不能拿注射器的针头有样品的部位，以免手上的汗渍、油污影响检测结果。

2）所抽吸的样品不能有气泡，吸样品时应以慢吸、快排再慢吸快排，如此反复几次的操作方式进行。10μL 的注射器金属针头部分的体积约 0.6μL，如果有气泡也不容易看到，因此操作时应多吸 1~2μL 样品，再把注射器针尖朝上，等气泡走到顶部时再推动针杆排除气泡。

3）进样速度的快慢会影响检测结果，进样速度要快（但也不宜特别快），每次进样应保持相同速度，针尖到汽化室中部位置时开始快速注射样品。

7. 水分

（1）定义　卡尔·费休试剂能与样品中的水定量反应，反应式如下：

$$H_2O+I_2+SO_2+3C_5H_5N \rightarrow 2C_5H_5N \cdot HI+C_5H_5N \cdot SO_3$$

$$C_5H_5N \cdot SO_3+ROH \rightarrow C_5H_5NH \cdot OSO_2 \cdot OR$$

以合适的溶剂溶解样品（或者萃取样品中的水），用已知滴定度的卡尔·费休试剂滴定，用永停法或者目测法确定滴定终点，即可测出样品中水的质量分数。

1）永停法。永停法确定终点的原理是在浸入溶液中的两铂电极间加一电压，若溶液中有水存在，则阴极极化，两电极之间无电流通过。滴定至终点时，溶液中同时有碘及碘化物存在，阴极去极化，溶液导电，电流突然增加至最大值，并稳定 1min 以上，此时即为终点。

2）目测法。目测法确定终点的原理为滴定至终点时，因有过量碘存在，溶液由浅黄色变成棕黄色。

（2）试剂和材料　卡氏试剂；分析纯无水乙醇。

（3）装置　KF-1A 型卡尔·费休水分测定仪（见图 5-3）。

（4）试验方法

1）卡氏试剂的标定。

① 打开电源，指示灯亮后，将测定开关调到校正档。

② 用校正开关将显示屏上数字调整到 50，然后将测定开关调到测定档，显示屏上数字自动归零。

③ 将卡氏试剂加入一套滴定管瓶中，另一套中则加入无水乙醇。

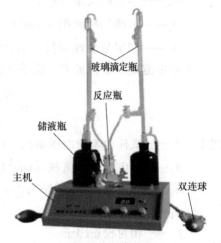

图 5-3　水分测定仪

④ 用双连球将卡氏试剂和乙醇打进滴定管，打开滴定管开关让无水乙醇流入反应瓶约 25mL。

⑤ 将卡氏试剂滴入反应瓶中，直到显示屏数字显示 35 为止，此时溶液红棕色为终点，应保持在 30s 左右。

注：以上是除去乙醇的含水量，不需要记录读数。仪器采用"永停法"确定终点。

⑥ 用微量进样器注射 10μL（10mg）水到反应瓶中，同时记录滴定管上的体积 V_4，然后滴加到终点，再记录滴定管上的体积 V_5。

卡氏试剂的水当量 T（mg/mL）的计算公式如下：

$$T = \frac{10mg}{V_5 - V_4} \tag{5-5}$$

重复 3 次，求得其平均值。

2）样品测定。

① 将 2~5g 样品（精确至 0.0001g）通过进样口快速倾入反应瓶，立即盖紧橡皮塞，搅拌溶液直至样品溶解。

② 滴入卡氏试剂至显示屏数值显示 35，即终点。

③ 大约稳定 30s 就可以读数。

（5）计算　含水量 Y（质量分数，%）的计算公式如下：

$$Y = \frac{TV}{G} \times 100 \tag{5-6}$$

式中　T——水当量平均值（mg/mL）；

　　　V——加入样品所消耗的卡氏试剂量（mL）；

　　　G——加入样品的质量（mg）。

8. 呋喃树脂主要性能指标对铸件质量的影响

呋喃树脂主要性能指标对铸件质量的影响见表 5-1。

表 5-1　呋喃树脂主要性能指标对铸件质量的影响

技术指标	指标值	技术指标对铸件质量的影响
黏度（20℃）/mPa·s	≤60,最好≤40	黏度低,树脂容易均匀包覆砂粒表面,混砂均匀,砂型强度高,能提高铸件精度,使组织致密,还可降低树脂使用量,降低成本
糠醇含量（质量分数,%）	铸钢件、大型球墨铸铁件用树脂,≥85;重要铸铁件,≥80;一般铸铁件,≥70%;有色铸件,≥60%	糠醇含量高,砂型高温强度高,铸件精度高,组织致密;有色金属件,不需要太大高温强度,可用高氮树脂,容易落砂

（续）

技术指标	指标值	技术指标对铸件质量的影响
氮含量 （质量分数，%）	无氮，≤0.5；低氮，>0.5~2.0；中氮，>2.0~5.0；高氮，>5.0~10.0	氮含量高，铸钢件、球墨铸铁件，增加产生氮气孔风险；中氮树脂，砂型强度高，铸铁件可用中氮树脂，氮含量不超过3%，不会产生氮气孔。无氮、低氮树脂用于铸钢件；有色合金没有氮气孔风险，用高氮树脂
游离甲醛含量 （质量分数，%）	≤0.1（一级），≤0.3（二级）	甲醛污染环境，影响员工健康，越低越好
游离酚含量 （质量分数，%）	≤0.5	苯酚污染环境，影响员工健康，越低越好
水分（质量分数，%）	一般4~6，最高不超过8	水分高，铸件容易产生气孔

5.2.2 磺酸固化剂的性能检测

磺酸固化剂通常是以甲苯、二甲苯经磺化反应生成，铸造生产中根据铸件类型、规格以及季节的不同，通过选用不同的磺酸固化剂型号来调节型（芯）的可使用时间、起模时间，以满足生产需要。GB/T 21872—2008《铸造自硬呋喃树脂用磺酸固化剂》规定了分类、牌号、指标及其检测方法，其主要技术质量指标有密度、黏度、总酸度（以 H_2SO_4 计）、游离硫酸含量等，常用固化剂技术指标见表5-2。

表5-2 常用固化剂技术指标

项目	A 型	B 型	春、秋季（03型）	夏季（04型）	冬季（09型）
密度（20℃）/（g/cm³）	1.10~1.20	0.9~1.1	1.18~1.20	1.1~1.2	1.2~1.3
黏度（20℃）/mPa·s	≤20	≤13	≤20	≤18	≤50
总酸度（以 H_2SO_4 计）（%）	30~34	6~10	23~30	16~22	31~40
游离硫酸含量（质量分数，%）	10~12	1.0~2.0	12~16	7~14	14~26

固化剂智能配比仪可根据提供的 XY-X（浓）、XY-Y（淡）固化剂的实际参数，通过不同的浓、淡固化剂配比来调节其总酸度及游离硫酸含量，完成配料输送混合全过程的自动控制，以适应在不同的室温、砂温、湿度下的工艺要求。

1. 外观

外观采用目测法，磺酸固化剂呈浅棕色或褐色透明液体，无机械杂质，在-15℃以上不能有结晶析出。

2. 密度

同 5.2.1 节密度（密度计法）。

3. 黏度

同 4.2.1 节黏度。

4. 总酸度（以 H_2SO_4 计）

（1）定义　用氢氧化钠标准滴定溶液滴定样品中的酸，以硫酸表示。

（2）试剂和材料　浓度为 0.2mol/L 的氢氧化钠标准滴定溶液；甲基红-次甲基蓝混合指示剂。

（3）装置　250mL 锥形瓶；50mL、分度值为 0.1mL 的 A 级滴定管；精度为 0.0001g 的分析天平。

（4）试验方法　称取试样 0.5~1.0g（精确至 0.0001g），置于 250mL 锥形瓶中，加入 50mL 水及 2~3 滴甲基红-次甲基蓝混合指示剂，用氢氧化钠标准滴定溶液滴定至溶液呈灰绿色为终点。

（5）计算　总酸度（以 H_2SO_4 计）w_1（质量分数，%）的计算公式如下：

$$w_1 = \frac{(V_1/1000)c_1(M/2)}{m_1} \times 100 \tag{5-7}$$

式中　V_1——滴定试样消耗氢氧化钠标准滴定溶液的体积（mL）；

c_1——氢氧化钠标准滴定溶液的实际浓度（mol/L）；

m_1——试样的质量（g）；

M——硫酸的摩尔质量（98.077g/mol）。

5. 游离硫酸

（1）定义　在酸性介质中，硫酸根与氯化钡反应生成硫酸钡沉淀后，在 pH ≈ 10 的条件下，以乙二胺四乙酸二钠标准滴定溶液滴定过量的钡盐和镁盐，以计算游离硫酸的含量。

（2）试剂和材料　pH ≈ 10 的氨-氯化铵缓冲溶液；氯化钡-氯化镁溶液：$c(BaCl_2) + c(MgCl_2) = 0.05mol/L$，称取 9.2g 氯化钡（$BaCl_2 \cdot 2H_2O$）和 2.6g 氯化镁（$MgCl_2 \cdot 6H_2O$）溶于 1000mL 盐酸溶液中；0.05mol/L 乙二胺四乙酸二钠（EDTA）标准滴定溶液；5g/L 铬黑 T 指示剂。

（3）装置　150mL 锥形瓶；50mL、分度值为 0.1mL 的滴定管；容积为 20mL、10mL 的 A 类单标线移液管；精度为 0.0001g 的分析天平。

（4）试验方法　按表 5-3 所规定的称样量称取试样（精确至 0.0001g），置于锥形瓶中，加水 30mL，再用移液管准确加入氯化钡-氯化镁溶液 20.0mL。加入氨-氯化铵缓冲溶液 10mL 及铬黑 T 指示剂 10 滴，用乙二胺四乙酸二钠标准滴定溶液滴定至溶液由紫红色变为纯蓝色为终点。同时做空白试验。

表 5-3　称样量要求

型号	XY-GY	XY-GS02	XY-GS03	XY-GS04	XY-GS05	XY-GC08	XY-GC09
称样量/g	≤3.5	0.6~0.8	0.3~0.5	2.0~3.5	2.0~3.5	0.5~0.7	0.9~1.2

（5）计算　游离硫酸 w_2（质量分数，%）的计算公式如下：

$$w_2 = \frac{(V_0 - V_2)c_2M}{m_2} \times 100 \tag{5-8}$$

式中　V_0——滴定空白消耗的乙二胺四乙酸二钠标准滴定溶液的体积（mL）；

　　　V_2——滴定试样消耗的乙二胺四乙酸二钠标准滴定溶液的体积（mL）；

　　　c_2——乙二胺四乙酸二钠标准滴定溶液的实际浓度（mol/L）；

　　　m_2——试样的质量（g）；

　　　M——硫酸的摩尔质量（98.077g/mol）。

6. 注意事项

1）滴定时左手始终不能离开旋塞，注意控制滴定速度。

2）要注意观察液滴落点周围溶液颜色的变化，开始时应边摇边滴，滴定速度可以稍快（3~4滴/s），但不能形成连续液流。接近终点时应改为加一滴摇几下，最后每加半滴就摇动锥形瓶，直到溶液出现明显的颜色变化，而且30s内不褪色，准确到达终点为止。

加半滴溶液的方法：微微转动旋塞，使溶液悬挂在滴定管出口嘴上，形成半滴（有时候不到半滴），用锥形瓶内壁将其刮落。

3）滴定时不要只看滴定管内标准溶液的体积变化，而不顾滴定反应的进行。

7. 固化剂主要性能指标对铸件质量的影响

固化剂主要性能指标对铸件质量的影响见表5-4。

表 5-4　固化剂主要性能指标对铸件质量的影响

技术指标	指标值	对铸件质量影响
总酸度（%）	按季节、砂温选择不同	总酸度高，硬化快，但脆性大
游离硫酸含量（质量分数，%）	按固化剂型号	游离硫酸含量高，硬化快，脆性大；腐蚀模具；游离硫酸含量高，能降低球墨铸铁表面球化效果；游离硫酸含量高，浇注时会产生硫化物气体，污染环境
水分（质量分数，%）	标准中未规定	水分高，浇注时汽化，铸件容易产生气孔
黏度（20℃）/mPa·s	≤50	黏度低，混砂均匀，砂型强度高；节约用量

5.2.3　呋喃树脂砂的性能检测

呋喃树脂自硬砂指由砂、呋喃树脂、酸固化剂（催化剂）混制成的树脂自硬砂。

呋喃树脂砂的混制过程，一般是先将磺酸固化剂与铸造砂混合 1min 左右，然后加入呋喃树脂再混 1min 左右至均匀，即可出砂制型或芯。通常，通过检测其常温抗拉或者抗压强度、可使用时间、流动性、表面安定性、热变形量、灼烧减量、发气量等指标，判定呋喃树脂砂的性能。

1. 常温强度

（1）试剂和材料　标准砂；对甲苯磺酸 70%水溶液。

（2）装置　SWY 型液压强度试验机；SHY 型树脂砂混砂机；"8"字形和圆柱形标准试块模具（试块的尺寸如图 5-4 和图 5-5 所示，模具材质为木模用材料）；10kg 台秤；精度为 0.01g 的天平。

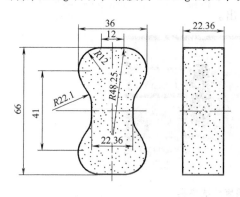

图 5-4　"8"字形试块尺寸

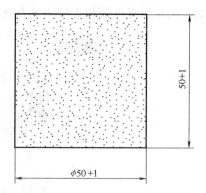

图 5-5　圆柱形试块尺寸

（3）试样制备

1）试验条件。砂温 20℃±2℃，室温 20℃±2℃；相对湿度 50%±5%。

2）混合料的配制。取标准砂 1000g，放入混砂机里，开动后立即加入 5.0g 对甲苯磺酸水溶液，搅拌 1min，加入树脂 10g，再搅拌 1min 后出料。

3）制样。将混合料倒入"8"字形或者圆柱形芯盒中人工压实，确保用力均匀一致，然后刮平，达到（或大于）开模强度时，打开芯盒，成型完毕。每组打样 5 块，"8"字形试块质量为 67g±1g，圆柱形试块质量为 155g±1g，试块应在混砂开始 5min 内压实刮平。

4）放置硬化。将已打好的试样在规定试验条件下自然硬化 24h。

（4）试验方法　工艺试样抗拉强度的测定。按要求测定 24h 的强度，将"8"字形试块放在强度试验机夹具中，并使夹具中四个滚柱的弧面贴在试样腰部（见图5-6），转动SWY型液压强度试验机手轮逐渐加载直至试样断裂，其抗拉强度值可直接从压力表中读出。

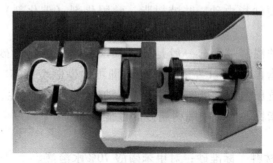

图 5-6　抗拉强度测试夹具

工艺试样抗压强度的测定。按要求测定24h的强度，将圆柱形试块放在强度试验机夹具中（见图5-7），转动SWY型液压强度试验机手轮逐渐加载直至试样断裂，其抗压强度值可直接从压力表中读出。

图 5-7　抗压强度测试夹具

（5）计算　测定5块试样强度值，然后去掉最大值和最小值，将剩下3块数值取平均值，作为试样强度值。3个数值中任何一个数值与平均值相差不应超过10%，如果超过，应从步骤（3）开始重新试验。

2. 可使用时间

目前，树脂砂的可使用时间与起模时间的检测尚无国家标准或行业标准，铸造厂通常用70%强度法和锤击法来控制树脂砂可使用时间。

（1）强度法

1）定义。呋喃树脂砂的可使用时间，是指树脂从反应开始到树脂黏结力降到一定数值所经过的时间间隔。在生产中，如果混合料超过可使用时间，则流动性降低，充型能力变差，造型（芯）强度大幅降低。影响混合料可使用时间的因素主要有砂温、固化剂类型、环境温度与湿度等。

2）试剂和材料。硅砂应使用标准型检测用标准砂，标准砂应符合GB/T

25138—2010《检定铸造黏结剂用标准砂》的规定。工艺调控型检测用生产现场用原砂或再生砂，其性能指标应符合生产工艺要求。固化剂应使用标准型检测用对甲苯磺酸70%水溶液。工艺调控型检测用生产现场固化剂，其性能指标应符合生产工艺要求。

3）装置。SWY型液压强度试验机；SHY型树脂砂混砂机；"8"字形和圆柱形标准试块模具（试块的尺寸如图5-4所示，模具材质为木模用材料）；10kg台秤；精度为0.01g的天平；秒表。

4）试样制备。

① 试验条件：砂温20℃±2℃，室温20℃±2℃；相对湿度50%±5%。

② 混合料的配制：取标准砂4000g，放入混砂机里，开动后立即加入20g对甲苯磺酸水溶液，搅拌1min，加入树脂40g，开始计时，搅拌1min后出料。

日常调控型检测从混砂机出料处按各铸造厂实际生产工艺情况规定取样。

③ 制样：混合料出料后立即倒入"8"字形芯盒中人工压实，确保用力均匀一致，然后刮平，达到（或大于）开模强度时，打开芯盒，成型完毕。打样5块编号1，然后每隔6min制样5块，依次编号为2、3、4、5，直至打样10组。"8"字形试块质量为67g±1g，试块应在5min内压实刮平，制作完成。

④ 放置硬化：将已打好的试样在规定试验条件下自然硬化24h。

5）试验方法。工艺试样抗拉强度的测定。按要求测定24h的强度，将"8"字形试块放在强度试验机夹具中，并使夹具中4个滚柱的弧面贴在试样腰部（见图5-6），转动SWY型液压强度试验机手轮逐渐加载直至试样断裂，其抗拉强度值可直接从压力表中读出。

6）计算。测定5块试样强度值，然后去掉最大值和最小值，将剩下3块数值取平均值，作为试样强度值。3个数值中任何一个数值与平均值相差不应超过10%，如果超过，应从步骤4）开始重新试验。

从10组检测数据中，找出试样强度值为第一组试样强度值70%的试样编号，如第5组，可使用时间则为5×6min＝30min。

（2）锤击法　锤击法原是美国铸造工作者学会推荐的，简易可行，检测方法如下所述。

1）试剂和材料。同5.2.3节常温强度试剂和材料。

2）装置。SHY型树脂砂混砂机；圆柱形标准试块模具；10kg台秤；精度为0.01g的天平；秒表；SAC锤击制样机。

3）试样制备。

① 试验条件：砂温20℃±2℃，室温20℃±2℃；相对湿度50%±5%。

② 混合料的配制：取标准砂4000g，放入混砂机里，开动后立即加入20g对甲苯磺酸水溶液，搅拌1min，加入树脂40g，开始计时（记为t_1），搅拌1min后出料。

日常调控型检测从混砂机出料处按铸造厂实际生产工艺情况规定取样。

4）试验方法。锤击：混合料出料后立即装满料筒，刮平，放到锤击机上锤击 3 次，记录冲杆顶端在刻线上的位置 h_1，并称质量 W_1；每隔 2min 取同样质量 W_1 的树脂砂，在锤击至 h_1 的位置，记录锤击次数；试样需锤击 6 次才达到 h_1 高度的时间记为 t_2。从混砂终了到此时的时间为可使用时间。

5）计算。可使用时间按式（5-9）计算。

$$可使用时间 = t_2 - t_1 \tag{5-9}$$

3. 起模时间

起模时间，即从树脂与固化剂开始反应的时刻至起模时型（芯）不会发生变形所经历的时间间隔。模内型（芯）必须达到一定强度后才可起模，以免起模时型（芯）破损或起模后产生变形。起模时间的测定尚无国家标准或行业标准，目前铸造厂常用试样的抗拉强度达到某个值作为起模时间终点，一般为 0.14MPa（或抗压强度为 0.4MPa）。但由于型（芯）结构差异和工艺条件的不同，铸造厂可根据自身条件试验确定。

抗拉强度测定方法同 5.2.3 节常温强度试验方法。

为了实现可使用时间与起模时间的精准检测，有企业研发了 XY 智能配比仪。该仪器能够根据环境温度、湿度，用砂温度、含泥量、酸耗值等工艺条件，自动调控固化剂的加入量，实现树脂砂可使用时间与起模时间的精确控制。

4. 流动性

（1）定义　自硬树脂砂的流动性是指其型（芯）砂在可使用时间范围内，在外力或者自重的作用下，沿模样表面和砂粒间相对移动的能力。流动性一般采用侧孔质量法检测。

（2）装置　SHY 型树脂砂混砂机；SAC 型锤击式制样机；量程为 0~300g、精度为 0.1g 的天平。

（3）试验方法　在圆柱形标准试样筒的侧面开一个小孔，直径为 12mm（见图 5-8），先用塞柱将该小孔塞紧。称取试样 185g，倒入试样筒中，再将它放在锤击式制样机上，拔出塞柱锤击 10 次，用顶样柱将试样顶出。把留在小孔中的砂子刮下来，连同被挤出的砂子一起进行称量，以它占试样质量的百分比作为呋喃树脂砂的流动性结果。

（4）计算　呋喃树脂砂的流动性以 X（%）表示，计算公式如下：

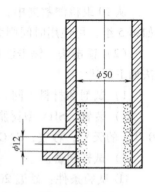

图 5-8　侧孔质量法标准试样筒

$$X = \frac{m_A}{m_B} \times 100 \qquad\qquad (5\text{-}10)$$

式中　m_A——通过漏孔的砂的质量（g）；

　　　m_B——试样质量（g）。

5. 热变形量

（1）定义　热变形量测试仪用来测量化学黏结剂型砂（树脂砂）突然被液态金属加热后的膨胀量和高温塑性特性。该仪器输出的变形量和时间的关系曲线图能够反映型砂的热膨胀、热塑性和黏结剂被破坏的速度。

测试试样由一端水平紧固作为悬臂梁，在自由端施加 0.3N 的恒载，试样经受底面中心火焰剧烈、突然地加热（加热功率和空气燃料混合比率是符合标准要求的）。

开始剧烈加热的时候，所测试样的上层面和下层面之间会形成一个差动膨胀。这个差别会造成试样向上弯曲，提升它的自由端（带动位移传感器上升）。之后，因为两个层面的温度差异会减小，向上的曲率将下降，最后消除。温度使得树脂砂带有塑性，开始形成一个向下的弯曲。

（2）试剂和材料　标准砂；含量 ≥99.5% 的三乙胺；符合 HG/T 2765.4—2005《蓝胶指示剂、变色硅胶和无钴变色硅胶》规定的变色硅胶；压力为 0.6 ~ 0.8MPa、露点 ≤-20℃ 的压缩空气。

（3）装置　热变形量测试仪（美国辛普森公司产品）如图 5-9 所示，该测试仪包括箱式机架［带有流量计的火焰控制面板、架构试样支撑和火炉、变形测量单元、所得数据和显示系统（IBM PC AT 兼容）、位移传感器］、打印机、校准套装工具（金属虚拟探头、2.5mm 厚度的校准块）；SHY 型树脂砂混砂机；模具一套，用于制备尺寸为 120mm×22mm×6mm 的片状试样。

图 5-9　热变形量测试仪

（4）仪器校准　测试仪使用前必须进行校准，但不要求在测试期间进行校准。

从 Main Menu 中选择 Menu Bar 内的 Test 选项，按下回车键，Title Bar 会变换成 TEST CONTROL CENTER。接下来，从 Menu Bar 中选择 Calibrate，位于显示

屏下部的 Status Line 会显示信息："Place dummy probe and press any key to set zero reference."。在校准过程中，使用 REAL TIME METER，它位于显示屏左下方。

安放金属试样模型，把试样模型轻轻地放在试样测试支架上，使用测头板提升探头，使用紧固旋钮紧固试样模型，把探头放到试样模型的上表面，固定好试样模型以后，按下任意键。状态栏显示下列信息："Place now 2.5mm Calibration gauge then press any key."。这时，REAL TIME METER 的读数为 0.00。把 2.5mm 校准块放在试样模型和探头之间。按下任意键，Status Line 会显示下列信息："Calibration complete."。变形量测试仪试样端如图 5-10 所示。

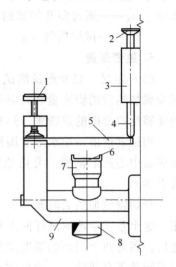

图 5-10　变形量测试仪试样端
1—紧固旋钮　2—测头板　3—传感器端
4—探头　5—试样模型或试样
6—火焰固定板　7—燃烧器头
8—清洁盖　9—测试支架

（5）试样制备　将待测树脂按设定的加入配比混砂后制备若干 120mm×22mm×6mm 试样，放置于干燥器内硬化 24h。

（6）试验方法

1）火焰调节。在使用测试仪之前，或者每当改变加热使用气流的热性能时，都必须对火焰进行调节。

仪器前方有 2 个流量计，一个用于液化石油气或者天然气的流量指示，另一个用于压缩空气的流量指示。在每个流量计的下面都有一个阀，拉开流量计下面的阀门即打开气流，按下阀门即切断气流。

为了调节火焰，首先打开空气阀，然后通过拔出（向着操作者的方向拔出）位于流量计下面的阀门。对每个流量计进行精细调节，气流会相应地设置成发热量为 660kcal/h（1kcal＝4.1868kJ）。

2）测试。从菜单栏中选择 Test 选项，Title Bar 会变换成 Hot Distortion Tester-Test Control Center，显示屏会显示一个 x-y 曲线图（位移-时间），INFORMATION LINE 可以确定测试绘图和参考测试名，STATUS LINE 表明当前程序步骤和两个数字式仪表，REAL TIME METER 可以进行测试并读出数据和用其他的 MAXIMUM METER 进行测试得出最大值。

选择 Start 开始测试，STATUS LINE 会显示下列信息："Place and lock probe under testy and press any key."。

打开空气阀门，空气会通过燃烧器头，安放好试样。按下任意键，"Light the Burner.""Recording will start after 0.05mm deformation." 会出现在 STATUS LINE 上，提示点着火炉，打开燃气流量计上的阀门。一旦试样开始变形，STA-

TUS LINE 会出现下列信息："Test in process. Press any key to abort."。

变形量和时间曲线开始在显示屏上形成。

当试样破裂引起变形量超过了负值范围（-6mm）时，测试自动结束。STA-TUS LINE 会显示下列信息："Test complete."。

此时，关闭燃气阀，切断气流。但要使空气阀开着，使燃烧器头冷却至室温再关闭。移去烧焦的试样和散砂微粒。

（7）计算　测试结束后，所得曲线（见图5-11）可以通过选择菜单栏上的 Save 存储在测试仪的存储器中（可以打印输出）。

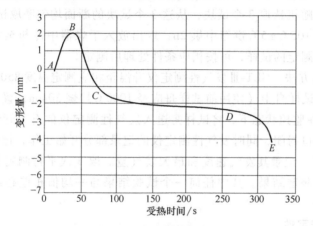

图 5-11　变形量典型曲线

变形量曲线各区段的意义：

正变形区（A—B段）：向上偏斜区域，砂芯受热，表面的硅砂膨胀（硅砂在573℃，发生相变引起急剧膨胀），试样受热的底面比未受热一面的膨胀率要大得多，所以指针被推向上，测得的数据为正数。热膨胀（正变形）大，增加铸件凝固收缩的阻力，铸件易产生热裂。

塑性区（B—C段）：向下偏斜区域，试样两层面的温度差异减小，直至最后消除，树脂砂具有塑性时，形成一个向下的弯曲，塑性越好，时间越长，斜率越大。

热固性区（C—D段）：与塑性区相比，因树脂由塑性变成热固性，斜坡的负值相对变小。

降解区（D—E段）：降解（二次塑性区）及断裂区域，型砂的高温持久时间（从试样受热开始至机理性断裂的时间）反映了黏结剂的热强度。若高温持久时间短，热强度差，砂芯易开裂，铸件易出现脉纹等缺陷；若高温持久时间长，表明型砂黏结剂的热分解较缓慢，型砂强度损失速度慢，铸型的退让性差；若金属液在型（芯）中凝固后型（芯）仍保持坚硬，则可能导致热裂，或出现铸件受压的情况。

6. 发气量和发气速度

（1）定义　发气量指型（芯）砂加热时析出气体的能力，用单位质量型（芯）砂析出的气体体积表示（mL/g）。

发气速度指一定温度下，单位质量的型（芯）砂或黏结剂在单位时间内产生的气体体积 [mL/(g·s)]。

（2）装置　GET-Ⅲ发气性测定仪；精度为 0.01g 的天平；常温至300℃电热循环烘箱；不锈钢舟或瓷舟。

（3）试样制备　将硬化好的砂试块在干燥器中放置24h后置于型砂强度试验机上拉断，随机选取3个试块，从这3个试块的断面均匀磨取试样10g左右。将试样在恒温105℃±5℃烘箱中烘2h，取出放入干燥器中冷却至室温备用。对于不需硬化后测定的试样，可按相应条件处理后测定。

（4）试验方法　GET-Ⅲ发气性测定仪升温至相应测定温度850℃后，称取试样 1.00g 置于试样舟中（使用前试样舟应经1000℃灼烧30min，置于干燥器中冷却到室温）。在监控状态下，将试样舟送入发气性测定仪的石英管红热部分，迅速用塞子将管口封闭，同时发气性测定仪的记录部分开始工作，记录数据。

（5）计算　记录其发气速度和最大发气量。取3次平行测定结果的平均值作为该试样的测定结果。其中任何一个试验结果与平均值相差超出10%时，试验应重新进行。

7. 表面安定性

（1）定义　表面安定性是反映硬化后的砂型（芯）在存放过程中保持其表面强度的性能指标。型（芯）应能承受住搬运时的磨损，浇注时金属液的冲刷和烘烤不至于引起冲砂、砂眼及机械粘砂等缺陷，因此要求工作表面（即与铁液接触的表面）表面安定性大于90%。一般来说，表面安定性的好坏与型砂常温强度的高低是一致的。增加树脂加入量、选择合适的固化剂品种及加入量、不超过可使用时间、造型时注意紧实、填砂面用刮刀塌平等都可提高表面安定性。

（2）试剂和材料　同5.2.3节常温强度试剂和材料。

（3）装置　SHY型树脂砂混砂机；圆柱形标准试块模具；10kg台秤；精度为0.01g的天平；检验标准筛。

（4）试样制备

1）试验条件：砂温20℃±2℃，室温20℃±2℃；相对湿度50%±5%。

2）混合料的配制：取标准砂1000g，放入混砂机里，开动后立即加入5.0g对甲苯磺酸水溶液，搅拌1min，加入树脂10g，再搅拌1min后出料。

3）制样：将混合料倒入圆柱形芯盒中人工压实，确保用力均匀一致，然后刮平，达到（或大于）开模强度时，打开芯盒，成型完毕。每组打样5个，试块质量为155g±1g，试块应在混砂开始5min内压实刮平。

4）放置硬化：将已打好的试样在规定试验条件下自然硬化24h，称其质量，然后去掉最大值和最小值，计算出3块试样的平均值。每块试样的质量与平均值差值不应超过10%，如果超过，应从混合料的配制开始重新试验。

（5）试验方法　每块试样称其质量，分别记为 W_{1a}、W_{1b}、W_{1c}，精确至0.1g，分别置于标准筛14目筛盘中，开机计时，振动2min停振，再称其质量，分别记为 W_{2a}、W_{2b}、W_{2c}，精确至0.1g。

（6）计算　表面安定性以 SSI（%）表示，计算公式如下：

$$SSI = \frac{W_{2a}+W_{2b}+W_{2c}}{W_{1a}+W_{1b}+W_{1c}} \times 100 \tag{5-11}$$

8. 灼烧减量

（1）定义　经105~110℃烘干、排除游离水的砂样在950~1000℃烧灼至恒重时的失重占烘干砂样总质量的百分比。

（2）装置　高温箱式电阻炉；瓷坩埚（或瓷舟）；精度为0.0001g的分析天平。

（3）试样制备　将硬化好的砂试块在干燥器中放置24h后置于型砂强度试验机上拉断，随机选取3个试块，从这3个试块的断面均匀磨取试样10g左右。将试样在恒温105℃±5℃烘箱中烘2h，取出放入干燥器中冷却至室温备用。

（4）试验方法　称取约1g试样，精确至0.0001g，置于已恒重（2次灼烧称量的差值<0.0002g）的坩埚中，然后放入高温炉，从低温开始逐渐升温至950~1000℃，保温1h，取出稍冷，立即放入干燥器中，冷却至室温并称重。重复灼烧（每次15min）称重，直至恒重（2次灼烧称量的差值<0.0002g）。

（5）计算　灼烧减量 X（质量分数，%）的计算公式如下：

$$X = \frac{G_5 - G_6}{G_7} \tag{5-12}$$

式中　G_5——灼烧前试样和坩埚的质量（g）；

G_6——灼烧后试样和坩埚的质量（g）；

G_7——试样的质量（g）。

实验室之间不同灼烧减量条件下的允许差见表5-5。

表5-5　实验室之间不同灼烧减量条件下的允许差

灼烧减量（质量分数,%）	允许差（%）　≤
≤0.50	0.07
>0.50~1.00	0.15
>1.00~5.00	0.20
>5.00	0.50

5.2.4 呋喃树脂砂主要性能指标对铸件质量的影响

呋喃树脂砂主要性能指标对铸件质量的影响见表5-6。

表5-6 呋喃树脂砂主要性能指标对铸件质量的影响

技术指标	指标值	对铸件质量影响
24h抗拉强度/MPa	1.0~2.0	砂型(芯)强度高,铸件精度提高;砂型强度高,铸铁凝固石墨化膨胀阶段,型壁位移小,强化石墨慢化膨胀过程自补缩作用,使金属组织致密
可使用时间	尽可能长	可使用时间短,混合料很快流动性变差,充填性降低,型(芯)紧实度低,铸件易产生粘砂、砂孔和表面粗糙度值大等缺陷
起模时间	尽可能短	起模时间越长,占用工装、场地就越多,生产率就越低,铸件成本就越高
发气量	越低越好	发气量大易使铸件产生气孔、冲砂等缺陷
表面安定性	≥90%	安定性低易使铸件产生弥散性砂孔、表面粗糙度值增大
灼烧减量	因铸件材质和工况不同而不同	灼烧减量高易使铸件产生气孔、球化不良等缺陷

5.3 胺法冷芯盒树脂砂及其原材料的性能检测

胺法冷芯盒树脂砂自20世纪60年代在美国诞生以来,因其很高的生产率颇具竞争性和实用性,受到了铸造业业内人士的普遍关注,尤其是在汽车、拖拉机、内燃机等大批大量生产行业得到了广泛的发展和应用。20世纪70年代,我国胺法冷芯盒树脂及工艺开始研究;20世纪80年代,我国从美国引进胺法冷芯盒树脂生产技术;20世纪90年代,一汽、一拖、上柴、二汽相继引进冷芯盒制芯专用装备,使胺法冷芯盒树脂砂在国内获得生产性应用。

胺法冷芯盒树脂砂是双组分树脂砂,组分Ⅰ是酚醛树脂,组分Ⅱ是聚异氰酸酯,应用叔胺类气体作为催化剂(如三乙胺等)。现行JB/T 11738—2013《铸造用三乙胺法冷芯盒树脂》界定了它的主要技术质量指标及其检测方法。

5.3.1 胺法冷芯盒用树脂的性能检测

1. 外观

外观采用目测法,酚醛树脂(组分Ⅰ)为淡黄色透明液体,聚异氰酸酯(组分Ⅱ)为褐色液体。

2. 密度(密度计法)

同5.2.1节密度(密度计法)。

3. 黏度

同 4.2.1 节黏度。

4. 异氰酸根含量

(1) 定义　异氰酸根是胺法芯盒组分Ⅱ树脂中的活性基团，用与树脂总质量的占比来表示。可用异氰酸酯与六氢吡啶反应生成脲，过量的六氢吡啶用盐酸标准溶液进行滴定，测定异氰酸根含量。

(2) 试剂和材料　分析纯无水乙醇；六氢吡啶氯苯溶液为 $c(C_5H_{11}N) = 0.2mol/L$，在 1000mL 容量瓶中称取 17g 六氢吡啶，用氯苯溶解并稀释至刻度；盐酸标准溶液为 $c(HCl) = 0.1mol/L$；溴酚蓝指示剂，称取 0.1g 溴酚蓝，溶于 7.45mL、0.02mol/L 氢氧化钠溶液中，用蒸馏水稀释至 250mL。

(3) 装置　精度为 0.0001g 的分析天平；50mL、分度值为 0.1mL 的 A 类滴定管；容积为 20mL 的 A 类单标线量吸管。

(4) 试验方法　称取 0.3~0.5g 试样（精确至 0.0001g），置于 250mL 碘量瓶中，用单标线吸管移取 20mL 六氢吡啶氯苯溶液，摇匀。放置 30min，加入 100mL 无水乙醇，再加入 4~5 滴溴酚蓝指示剂，用 0.1mol/L 盐酸标准溶液滴定至蓝色消失呈黄色为终点。

同时做空白试验。空白试验应与测定平行进行，并采用相同的分析步骤，取相同量的所有试剂（标准溶液滴定的用量除外），但空白试验不加试样。

(5) 计算　异氰酸根含量 X_1（质量分数，%）的计算公式如下：

$$X_1 = \frac{(V_1 - V_2)c_1 \times 0.04202}{m_1} \times 100 \tag{5-13}$$

式中　V_1——滴定空白时消耗的盐酸标准滴定溶液的体积（mL）；

V_2——滴定试样时消耗的盐酸标准滴定溶液的体积（mL）；

c_1——盐酸标准滴定溶液的浓度精确值（mol/L）；

m_1——试样的质量（g）；

0.04202——与 1.00mL 盐酸标准滴定溶液 $[c(HCl) = 1.000mol/L]$ 相当的，表示的异氰酸根的质量（g）。

结果以 2 个平行试验测定值的算术平均值表示，2 个平行试验测定值的绝对误差应不大于 0.2%。

5. 酚醛树脂（组分Ⅰ）中的游离甲醛

(1) 定义　游离甲醛是指树脂中未参与反应的呈游离状态的甲醛，用其质量占树脂质量的百分比来表示。甲醛与盐酸羟胺发生肟化作用，生成的盐酸，用氢氧化钠溶液采用电位测定法，以滴定消耗氢氧化钠的量来计算试样中的甲醛含量。

$$CH_2O+NH_2OH \cdot HCl \rightarrow CH_2NOH+HCl+H_2O$$

（2）试剂和材料　分析纯，不含醛类和酮类杂质的甲醇；盐酸标准滴定溶液为 $c(HCl)=0.05mol/L$；10%盐酸羟胺溶液用 NaOH 溶液调节 pH 值为 3.5；氢氧化钠标准滴定溶液为 $c(NaOH)=0.05mol/L$。

（3）装置　精度为 0.0001g 的分析天平；磁力搅拌器；精度为 0.01 pH 的酸度计；容积为 25mL 的 A 类单标线吸量管；25mL，分度值为 0.1mL 的 A 类滴定管。

（4）试验方法　在试验温度为 23℃±1℃ 条件下，称取样品 2.5～3.0g（精确至 0.0001g）置于 250mL 烧杯中，加入 50mL 甲醇，打开磁力搅拌器，搅拌到树脂溶解且温度稳定在 23℃±1℃。

将酸度计电极浸入溶液中，用 0.05mol/L 盐酸标准滴定溶液调节 pH 值为 3.5，再用单标线吸量管移取盐酸羟胺溶液 25mL 于烧杯中，搅拌 10min。

用 0.05mol/L 氢氧化钠标准滴定溶液快速滴定，直到 pH 值为 3.5 时为终点。

同时做空白试验。空白试验应与测定平行进行，并采用相同的分析步骤，取相同量的所有试剂（标准滴定溶液的用量除外），但空白试验不加试样。

（5）计算　游离甲醛含量 X_2（质量分数，%）的计算公式如下：

$$X_2 = \frac{(V_3-V_0)c_2 \times 0.03003}{m_2} \times 100 \tag{5-14}$$

式中　V_3——滴定试样消耗的氢氧化钠标准滴定溶液的体积（mL）；

V_0——滴定空白消耗的氢氧化钠标准滴定溶液的体积（mL）；

c_2——氢氧化钠标准滴定溶液的浓度精确值（mol/L）；

m_2——试样的质量（g）；

0.03003——与 1.00mL 氢氧化钠标准滴定溶液 $[c(NaOH)=1.000mol/L]$ 相当的，表示的甲醛的质量（g）。

取 2 次平行测试结果的算术平均值作为试样的游离甲醛含量。

6. 酚醛树脂（组分Ⅰ）中的水分

同 5.2.1 节水分。

5.3.2　三乙胺催化剂的性能检测

胺法冷芯盒树脂砂铸造工艺中，三乙胺作为催化剂，不与 2 个组分的树脂反应，只是起到催化剂的作用，它的物理化学性能见表 5-7。

冷芯盒树脂砂用三乙胺的技术要求见表 5-8。

表 5-7　三乙胺的物理化学性能

分子式	$C_6H_{15}N$	相对分子质量	101.19
形态	液体	溶解性	乙醇等
熔点/℃	-114.8	相对密度（水=1）	0.7
沸点/℃	89.5	相对密度（空气=1）	3.48
饱和蒸气压（20℃）/kPa	8.8	最小点火能/mJ	0.75
临界温度/℃	259	燃烧热/（kJ/mol）	4333.8
燃烧性	易燃	燃烧产物	CO、NO 等
闪点/℃	<0	聚合危害	不聚合
爆炸极限（体积分数,%）	1.2~8	稳定性	稳定
引燃温度/℃	249	禁忌物	酸、强氧化剂

表 5-8　冷芯盒树脂砂用三乙胺的技术要求

项目	指标
三乙胺（%）	≥99.5
一乙胺（%）	≤0.1
二乙胺（%）	≤0.1
含水量（%）	≤0.1
色度（铂-钴色号）/Hazen 单位	≤15

1. 外观

外观采用目测法，工业用三乙胺是无机械杂质的透明液体。

2. 密度

同 5.2.1 节密度（密度计法）。

3. 三乙胺含量

（1）定义　三乙胺，有机化合物，具有强烈氨臭的无色透明液体，在空气中微发烟。微溶于水，可溶于乙醇、乙醚。可用选定的特定仪器，将试样在汽化室汽化后通过毛细管色谱柱，使试样中的各组分得到分离，用火焰离子化检测器检测，用校正面积归一法定量。

（2）试剂和材料　氢气，体积分数不低于 99.99%，使用前经脱水、脱氧、除有机物等净化处理；空气，不含腐蚀性杂质，使用前进行脱油、脱水处理；纯度为 99.999% 以上的氮气。

（3）装置　配有火焰离子化检测器的气相色谱仪，整机灵敏度和稳定性符合 GB/T 9722—2006《化学试剂　气相色谱法通则》中的有关规定；记录系统为积分仪、色谱数据处理机或色谱工作站；SE-30 色谱柱，30m×0.53mm×7μm；

1μL 或 5μL 的微量进样器。

（4）色谱分析条件　见表 5-9。

表 5-9　色谱分析条件

柱温/℃	60
汽化室温度/℃	280
检测器温度/℃	280
分流比	10：1
载气流量/（mL/min）	5.9
载气线速度/（cm/s）	50
进样量/μL	1.0

（5）试验方法

1）相对校正因子的测定。方法提要：通过测定已知质量比的主体和样品中杂质组分组成的校准用标准样品，各杂质组分与主体响应值之比即为其相对质量校正因子。

试剂：用于配制校准用标准样品的试剂应为色谱纯，本底样品的质量分数应不小于 99.5%。

相对校正因子的测定：在预先称量的可以密封的磨口瓶中加入适量被测组分，用本底样品稀释，充分摇匀，其加入量均称量精确至 0.0002g，配制成与样品各组分含量相近的校准用标准样品（扣除本底样品中含有的所配杂质）。

在与测定样品相同的色谱操作条件下，将上述校准用标准样品和本底样品分别重复测定 4 次，测得各组分的峰面积。取连续测定的算术平均值用于各组分相对校正因子 f_i 的计算。

相对校正因子的计算：

各组分相对主体的校正因子以 f_i 表示，计算公式如下：

$$f_i = \frac{A_s m_i}{(A_i - A_{io}) m_s} \tag{5-15}$$

式中　A_s——校准用标准样品中主体峰面积（cm^2）；

　　　m_i——校准用标准样品中组分 i 质量（g）；

　　　A_i——校准用标准样品中组分 i 峰面积（cm^2）；

　　A_{io}——本底样品中组分 io 峰面积（cm^2）；

　　　m_s——校准用标准样品中本底样品量（g）。

注意：出现未知组分时，以邻近组分相对校正因子计算。

相对校正因子校验：相对校正因子应实际测定，并定期进行校验。

2) 样品测定。启动气相色谱仪, 按表 5-9 所列色谱分析条件或其他合适的条件调试仪器, 基线稳定后进行色谱分析, 用积分仪、色谱数据处理机或色谱工作站计算结果。

(6) 计算 各组分含量 w_i (质量分数, %) 的计算公式如下:

$$w_i = (100 - w_a - w_b) \frac{f_i A_i}{\sum f_i A_i} \tag{5-16}$$

式中 f_i——i 组分的相对质量校正因子;

A_i——i 组分峰面积 (cm^2);

w_a——产品标准中测得的以质量分数表示的水分的数值;

w_b——产品标准中测得的以质量分数表示的氨含量的数值。

取 2 次重复测定结果的算术平均值作为测定结果。测定结果的数值修约按 GB/T 8170—2008《数值修约规则与极限数值的表示和判定》进行。

重复性: 在同一实验室, 由同一操作员使用相同设备, 按相同的测试方法, 并在短时间内对同一被测对象相互独立进行测试获得的 2 次独立测试结果的绝对差值, 主要含量应不大于 0.1%, 杂质含量应不大于 0.02%, 取 2 次重复测定的算术平均值作为测定结果。

4. 色度

(1) 定义 色度, 即三乙胺的颜色, 它是不包括亮度在内的颜色的性质, 反映的是颜色的色调和饱和度。用试样的颜色与标准铂-钴比色液的颜色目测比较, 并以 Hazen (铂-钴) 颜色单位表示结果。Hazen (铂-钴) 颜色单位即: 每升溶液含 1mg 铂 (以氯铂酸计) 及 2mg 六水合氯化钴溶液的颜色。

(2) 试剂和材料 分析纯六水合氯化钴 (CoCl$_2$·6H$_2$O); 分析纯盐酸; 氯铂酸 (H$_2$PtCl$_6$), 在玻璃皿或瓷皿中用沸水浴上加热法, 将 1.00g 铂溶于足量的王水中, 当铂溶解后, 蒸发溶液至干, 加 4mL 盐酸溶液再蒸发至干, 重复此操作 2 次以上, 可得 2.10g 氯铂酸; 分析纯氯铂酸钾 (K$_2$PtCl$_6$)。

(3) 装置 72 型或类似的分光光度计; 50mL 或 100mL 纳氏比色管, 在底部以上 100mm 处有刻度标记; 比色管架, 一般比色管架底部衬白色底板, 底部也可配有反光镜, 以提高观察颜色的效果。

(4) 试样制备 标准比色母液的制备 (500 Hazen 单位): 在 1000mL 容量瓶中溶解 1.00g 六水合氯化钴和相当于 1.05g 的氯铂酸或 1.245g 的氯铂酸钾于水中, 加入 100mL 盐酸溶液, 稀释到刻度线, 并混合均匀。

注意: 标准比色母液可以用分光光度计以 1cm 的比色皿按下列波长进行检查, 其消光值范围见表 5-10。

表 5-10 消光值范围

波长/nm	消光值
430	0.110~0.120
455	0.130~0.145
480	0.105~0.120
510	0.055~0.065

标准铂-钴对比溶液的配制：在 10 个 500mL 及 14 个 250mL 的两组容量瓶中，分别加入表 5-11 所示的标准比色母液的体积，用蒸馏水稀释到刻度线并混匀。

表 5-11 各色度单位标准比色母液配制表

500mL 容量瓶		250mL 容量瓶	
标准比色母液的体积 /mL	相应颜色 （Hazen 单位铂-钴色号）	标准比色母液的体积 /mL	相应颜色 （Hazen 单位铂-钴色号）
5	5	30	60
10	10	35	70
15	15	40	80
20	20	45	90
25	25	50	100
30	30	62.5	125
35	35	75	150
40	40	87.5	175
45	45	100	200
50	50	125	250
—	—	150	300
—	—	175	350
—	—	200	400
—	—	225	450

存储：标准比色母液和稀释溶液放入带塞棕色玻璃瓶中，置于暗处，标准比色母液可以保存 1 年，稀释溶液可以保存 1 个月，但最好应用新鲜配制的。

（5）试验方法 向一支纳氏比色管中注入一定量的试样，注满到刻度线处，同样向另一支纳氏比色管中注入具有类似颜色的标准铂-钴对比溶液，注满到刻度线处。

比较试样与标准铂-钴对比溶液的颜色，比色时应在日光或日光灯照射下，正对白色背景，从上往下观察，避免侧面观察，提出接近的颜色。

（6）计算　试样的颜色以最接近于试样的标准铂-钴对比溶液的 Hazen（铂-钴）颜色单位表示。如果试样的颜色与任何标准铂-钴对比溶液都不相符，则根据可能估计一个接近的铂-钴色号，并描述观察到的颜色。

5.3.3　胺法冷芯盒树脂砂的性能检测

由双组分苯基醚酚醛树脂和聚异氰酸酯与砂的混合料，通过吹三乙胺使所造型（芯）硬化的化学硬化砂。

1. 强度

（1）定义　强度是指在外力作用下抵抗破坏（变形和断裂）的能力。强度是冷芯盒树脂砂首先应满足的基本要求。按日常工艺调控需要有瞬时强度、浸水 15min 强度、24h 常湿强度、24h 高干强度、24h 高湿强度等，强度一般指抗拉强度或抗弯强度，用 MPa 表示。

（2）试剂和材料　标准砂；含量≥99.5%的三乙胺；变色硅胶；压力为 0.6~0.8MPa、露点≤-20℃的压缩空气。

（3）装置　容器为普通一次性塑料杯；量程为 3kg、感量为 1g 的台秤；量程为 100g、感量为 0.01g 的天平；温湿度计和秒表；240mm 玻璃干燥器；容量为 3kg 的 SHY 型树脂砂混砂机；SWY 型液压强度试验机；MLA1 型冷芯盒射芯机；模具为"8"字形抗拉标准试样模具和长条形抗弯标准试样模具，模具试样尺寸应符合 GB/T 2684—2009《铸造用砂及混合料试验方法》的规定，材质为金属材料。

（4）试样制备

1）试验条件　砂温 20℃±2℃，室温 20℃±2℃；相对湿度 60%±5%。

2）混合料的制备。称取 2000g（精确至 1g）标准砂，倒入树脂砂混砂机的混砂钵内。启动树脂砂混砂机，将称好的 16g 组分 I 均匀倒入混砂钵内，搅拌 90s；再将称好的 16g 组分 II 均匀倒入混砂钵内，继续搅拌 90s 后出砂。

3）制样。将"8"字形抗拉标准试样模具或长条形抗弯标准试样模具安装在射芯机模具安装板上，打开接入冷芯盒射芯机的压缩空气，将混好的混合料装入砂斗，按表 5-12 中的制样条件制作标准试样，试样应在混砂开始 15min 内成型完毕。

表 5-12　强度测定的制样条件

强度类型	试样数	射砂压力/MPa	射砂时间/s	吹胺压力/MPa	吹胺量/mL	吹胺时间/s	清洗压力/MPa	清洗时间/s
抗拉强度	3	0.3~0.4	1~2	0.15~0.20	2.0	5	0.45~0.55	15
抗弯强度	3	0.3~0.4	1~2	0.15~0.20	3.0	7	0.45~0.55	15

（5）试验方法　将合格的试样分为 5 组，分别用于瞬时强度、浸水 15min 强度、24h 常湿强度、24h 高干强度和 24h 高湿强度的测定。

1）瞬时强度的测定。取 1 组脱模时间小于 30s 的合格试样，用液压强度试验机测定瞬时强度。

2）浸水 15min 强度的测定。取 1 组存放在水中 15min 的合格试样，用液压强度试验机测定浸水 15min 强度。

3）24h 常湿强度的测定。取 1 组存放在规定的试验条件下 24h 的合格试样，用液压强度试验机测定 24h 常湿强度。

4）24h 高干强度的测定。取 1 组存放在高干容器中（玻璃干燥器下层放入新的或经烘干的变色硅胶，温度控制在 20℃±2℃）24h 的合格试样，用液压强度试验机定 24h 高干强度。

5）24h 高湿强度的测定。取 1 组存放在高湿容器中（玻璃干燥器下层放入水，温度控制在 20℃±2℃）24h 的合格试样，用液压强度试验测定 24h 高湿强度。

（6）计算　测定 5 块试样强度值，然后去掉最大值和最小值，将剩下 3 块数值取平均值，作为试样强度值。

3 个数值中任何一个数值与平均值允许相对偏差不大于 10%。

2. 可使用时间

（1）定义　酚醛树脂（组分Ⅰ）、聚异氰酸酯（组分Ⅱ）和砂按比例混制后至仍能够制出合格砂型（芯）所经历的时间。

（2）试剂和材料

同 5.3.3 节强度试剂和材料。

（3）装置

同 5.3.3 节强度装置。

（4）试样制备

试验条件：砂温 20℃±2℃，室温 20℃±2℃；相对湿度 60%±5%。

混合料的制备：称取 2000g（精确至 1g）标准砂，倒入树脂砂混砂机混砂钵内。启动树脂砂混砂机，将称好的 16g 组分Ⅰ均匀倒入混砂钵内，搅拌 90s；再将称好的 16g 组分Ⅱ均匀倒入混砂钵内，继续搅拌 90 s 后出砂。

（5）试验方法

1）制样。将"8"字形抗拉标准试样模具安装在射芯机模具安装板上，打开接入冷芯盒射芯机的压缩空气，将混好的混合料装入砂斗，按表 5-12 中的制样条件，立即射制 5 只试样，编号为 1，然后每隔 15min 射制 1 组试样，编号依次为 2、3，直至第 N 组，其强度与第 1 组试样强度相比下降了 30% 时为止。

2）测定强度。每组试样射制完成后 3min 内，用液压强度试验机测定抗拉强度，去掉最大值和最小值，取平均值作为该试样的抗拉强度，选出其强度与第

1组试样强度相比下降了30%的试样编号N。

（6）计算 可使用时间的计算公式如下：

$$T = (N-1) \times 15 \qquad (5-17)$$

式中 T——可使用时间（min）；

N——强度下降30%的试样编号。

3. 热变形量

同5.2.3节热变形量。

4. 发气量和发气速度

同5.2.3节发气量和发气速度。

5. 灼烧减量

同5.2.3节灼烧减量。

6. 胺法冷芯盒树脂砂主要指标对铸件质量的影响

胺法冷芯盒树脂砂主要指标对铸件质量的影响见表5-13。

表5-13 胺法冷芯盒树脂砂主要指标对铸件质量的影响

技术指标		指标值	对铸件质量的影响
试样常温抗拉强度/MPa	瞬时	P型≥0.8；K型≥1.0；G型≥1.2	砂型强度高，变形小，铸件尺寸精度高，型芯不易断裂，搬运方便，可减少树脂加入量，减少发气量，减少气孔
	24h常湿	P型≥1.6；K型≥1.8；G型≥2.0	砂型强度高，变形小，铸件尺寸精度高，型芯不易断裂，搬运方便，可减少树脂加入量，减少发气量，减少气孔根据砂芯复杂程度、受热情况、气候条件选择树脂种类，检测性能指标
	24h高干	P型≥2.0；K型≥2.2；G型≥2.2	砂型强度高，变形小，铸件尺寸精度高，型芯不易断裂，搬运方便，可减少树脂加入量，减少发气量，减少气孔根据砂芯复杂程度、受热情况、气候条件选择树脂种类，检测性能指标
	24h高湿	P型≥1.0；K型≥1.3；G型≥1.2	砂型强度高，变形小，铸件尺寸精度高，型芯不易断裂，搬运方便，可减少树脂加入量，减少发气量，减少气孔根据砂芯复杂程度、受热情况、气候条件选择树脂种类，检测性能指标
高温强度/MPa			强度高，抗变形能力强，铸件精度高，抗液态金属冲刷能力强，减少砂孔缺陷
浸水强度/MPa		浸水15min，≥1	强度高，抗湿能力强
黏度（25℃）/mPa·s		双组分，各三种规格，指标不同	越低越好，低黏度树脂容易包覆砂粒表面，砂型强度好，铸件精度高；可降低树脂加入量，降低成本
异氰酸根含量（质量分数,%）		21.0~23.8或23.8~25.8	与SLI搭配使用，保证砂型足够强度
游离甲醛含量（质量分数,%）		≤0.5	越低越好，减少环境污染，保证员工健康
发气量/（mL/mg）		按技术要求	越低越好，降低气孔风险

注：JB/T 11738—2013《铸造用三乙胺冷芯盒法树脂》界定，P型是普通型冷芯盒树脂、K型是抗湿型冷芯盒树脂、G型是高强度冷芯盒树脂。

5.4 酚脲烷树脂砂及其原材料的性能检测

酚脲烷树脂砂是由双组分苯基醚酚醛树脂和聚异氰酸酯加胺类催化剂混制的树脂自硬砂。酚脲烷树脂砂具有可使用时间长、硬化速度快、起模时间短、硬化特性好等优点。

5.4.1 酚脲烷树脂的性能检测

苯酚和甲醛在特殊催化剂的作用下，按一定的工艺合成的线型酚醛树脂（组分Ⅰ）和聚异氰酸酯（组分Ⅱ）构成双组分的酚脲烷树脂。现行 GB/T 24413—2009《铸造用酚脲烷树脂》界定了它的主要技术质量指标及其检测方法。

1. 外观

外观采用目测法，酚醛树脂（组分Ⅰ）为淡黄色透明液体，聚异氰酸酯（组分Ⅱ）为褐色液体。

2. 密度

同 5.2.1 节密度（密度计法）。

3. 黏度

同 4.2.1 节黏度。

4. 异氰酸根含量

同 5.3.1 节异氰酸根含量。

5. 酚醛树脂（组分Ⅰ）中的游离甲醛

同 5.3.1 节酚醛树脂（组分Ⅰ）中的游离甲醛。

6. 酚醛树脂（组分Ⅰ）中的水分

同 5.2.1 节水分。

5.4.2 酚脲烷树脂砂的性能检测

1. 可使用时间和起模时间

（1）试剂和材料 酚脲烷树脂（组分Ⅰ）；酚脲烷树脂（组分Ⅱ）；液体催化剂（组分Ⅲ）；标准砂。

（2）装置 容器为普通一次性塑料杯；量程为 3kg、精度为 1g 的台秤；量程为 100g、精度为 0.01g 的天平；温湿度计和秒表；SHY 型树脂砂

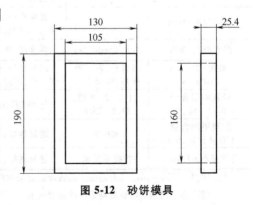

图 5-12 砂饼模具

混砂机；SWY 型液压万能强度试验仪；1mL 微型针筒；SYS-B 型硬度计；砂饼模具，如图 5-12 所示。

（3）试验方法

1）试验条件。砂温 20℃±2℃，室温 20℃±2℃；相对湿度 60%±5%。

2）试验步骤。称取 2000g 标准砂，倒入树脂砂混砂机的混砂钵内。用 2 只普通一次性塑料杯各盛 20g 组分Ⅰ树脂、组分Ⅱ树脂后倒净，放入天平称其质量并记录，然后用对应的称量杯称取组分Ⅰ树脂、组分Ⅱ树脂各 20g，精确至 0.1g。用微型针筒抽取 0.4mL 催化剂，加入上述称量好的组分Ⅰ中，搅拌均匀。

启动混砂机，在一边搅拌一边用刮刀刮壁的条件下，将称量好的 20g 组分Ⅰ树脂（已加入催化剂）均匀倒入混砂钵内，搅拌 90s；再将称量好的 20g 组分Ⅱ树脂倒入混砂钵内，同时用秒表记录时间，继续搅拌 90s 后出砂。

3）制样。将上述混合料倒入"8"字形标准试样模具中，人工压实，刮平（用于抗拉强度的检测）。把余下的混合料倒入砂饼模具中，人工压实，刮平。

（4）计算　用 SYS-B 型硬度计测量硬度，硬度为 60 时记录的时间与混砂时记录的时间差即为可使用时间。翻转试样，用 SYS-B 型硬度计测量硬度，硬度为 90 时记录的时间与混砂时记录的时间差即为脱模时间，并脱模。

2. 抗拉强度

（1）试验方法　制作的"8"字形标准试样存放在规定的试验条件下自然硬化。分别测定 1h、3h 和 24h 的抗拉强度，每组测 5 块试样。

（2）计算　抗拉强度结果用兆帕（MPa）表示，测定 5 块试样的强度值，然后去掉最大值和最小值，取余下 3 块试样强度值的算术平均值作为其抗拉强度结果。

允许误差：3 个数值中任何一个数值与平均值的相对偏差应不超过 10%，如果超过 10%，则从混合料的制备开始重新试验。

3. 热变形量

同 5.2.3 节热变形量。

4. 发气量和发气速度

同 5.2.3 节发气量和发气速度。

5　灼烧减量

同 5.2.3 节灼烧减量。

5.5　碱性酚醛树脂砂及其原材料的性能检测

碱性酚醛树脂砂是由砂、有机酯、碱性酚醛树脂混制成的树脂自硬砂。

5.5.1 碱性酚醛树脂的性能检测

碱性酚醛树脂是用强碱催化合成的含有钾酚（和/或钠酚）的水溶性热固酚醛树脂，用作液态有机酯固化的铸造自硬黏结剂。现行 JB/T 11739—2013《铸造用自硬碱性酚醛树脂》界定了它的主要技术质量指标及其检测方法。

1. 外观

外观采用目测法，碱性酚醛树脂为棕红色液体。

2. 密度

同 5.2.1 节密度（密度计法）。

3. 黏度

同 4.2.1 节黏度。

4. pH 值

（1）定义　pH 计是利用原电池的原理工作的，原电池两个电极间的电动势依据能斯特定理，既与电极的自身属性有关，也与溶液中的氢离子浓度有关。原电池的电动势和氢离子浓度之间存在对应关系，氢离子浓度的负对数即为 pH 值。

（2）试剂和材料　在 23℃ 时，pH 值为 4.00 的邻苯二甲酸氢钾标准溶液；在 23℃ 时，pH 值为 6.88 的磷酸氢盐缓冲溶液；在 23℃ 时，pH 值为 9.22 的四硼酸钠标准溶液；蒸馏水。

（3）装置　PHS-3C，精确至 0.1 pH 单位的 pH 计。

（4）试样制备　使树脂的温度保持在 23℃ ±0.5℃，配制 50%（质量分数）的树脂水溶液，如果发生相分离，等到在滴液漏斗中能分离出供测量用的足够体积的水相时，将水相转移至刻度烧杯中进行测定。

（5）试验方法

1）pH 计的校准和调整。在 23℃ ±0.5℃ 时，按 pH 计制造厂说明书进行，先用蒸馏水冲洗电极，再用滤纸等轻擦电极顶端除尽剩余的水。先用一种标准溶液或者缓冲溶液以淋洗电极杆外部的方式清洗电极，倒入足够量的该标准溶液或者缓冲溶液至干净的测量容器中，将电极浸入此溶液中，将 pH 计的读数值定到标准溶液或者缓冲溶液的 pH 值（应考虑溶液的温度），取出电极。

再用第二种标准溶液或者缓冲溶液淋洗电极杆，并倒入足够量的该溶液至清洁的容器中，将电极浸入此溶液中，记录 pH 计的读数，不要改变已设定好的仪器，尤其不要触摸温度设定旋钮或 pH 值定位旋钮。如果考虑温度因素后，其读数在标准溶液或者缓冲溶液的已知 pH 值允许差（0.1 pH 单位）内，则仪器的校准和调整完毕，可以使用。

2）pH 值的测定。按仪器校准叙述的方法先用水后用试样清洗电极和测量容器，搅匀试样，倒入足够量的试样至测量容器中，将电极浸入试样中，待 pH 计的读数稳定后，记录读数。用新取的一份试样重复上述操作，如果 pH 计的读数与前读数相同或者只差 0.2 pH 单位，则测试完成。

（6）计算　用 2 次测定的 pH 读数值计算其算术平均值并修约到 0.1pH 单位，作为测试结果。

（7）注意事项

1）应保持 pH 计干燥、防尘，使用频率不高时，应定期通电维护、保证电极的输入端引线连接部分保持清洁、防止水滴、灰尘、油污进入。

2）使用交流电源时要保证接地良好，使用干电池的便携式 pH 计应定期更换电池。

3）pH 计经校验和调零等调试妥当后，在测试过程中就不能随意旋动电位计的零点和校正、定位旋钮。

4）用于配制标准缓冲溶液和淋洗电极的水，不能含有二氧化碳，而且 pH 值应保持在 6.7~7.3，电导率要小于 $2\mu S/cm$。经阴阳离子交换树脂处理的水，再经煮沸放冷后可以达到此要求。

5）配制好的标准缓冲溶液应密闭保存在硬质聚乙烯瓶或者玻璃瓶中，再存放在 4℃ 的冰箱中。

6）更换标准缓冲溶液或者样品时，要用蒸馏水对电极进行充分的淋洗。用滤纸吸去附着在电极上的液体，再用待测溶液淋洗以消除相互干扰。

7）检测时应对溶液进行适当的搅拌，以使溶液均匀达到电化学平衡，而在读数时则应停止搅动再静止片刻，以使读数稳定。

5. 游离甲醛含量

（1）定义　游离甲醛是指树脂中未参与反应的呈游离状态的甲醛，用其质量占树脂质量的百分比来表示。甲醛与盐酸羟胺发生肟化作用，生成的盐酸，用氢氧化钠溶液采用电位测定法，以滴定消耗氢氧化钠的量来计算试样中的甲醛含量。

$$CH_2O+NH_2OH \cdot HCl \rightarrow CH_2NOH+HCl+H_2O$$

（2）试剂和材料　分析纯异丙醇；$c(HCl)=0.05mol/L$ 的盐酸标准滴定溶液；用 NaOH 溶液调节 pH 值为 3.5，10%（质量分数）盐酸羟胺溶液；$c(NaOH)=0.05mol/L$ 的氢氧化钠标准滴定溶液。

（3）装置　精度为 0.0001g 的分析天平；磁力搅拌器；精度为 0.01pH 单位的酸度计；容积为 25mL 的 A 类单标线吸量管；25mL、分度值为 0.1mL 的 A 类滴定管。

（4）试验方法　在试验温度为 23℃±1℃ 条件下，称取样品 2.5~3.0g（精确至 0.0001g）置于 250mL 烧杯中，加入 50mL 体积比为 3:1 的异丙醇和水的混合液，打开磁力搅拌器，搅拌到树脂溶解且温度稳定在23℃±1℃。

将酸度计电极浸入溶液中，用0.05mol/L盐酸标准滴定溶液调节pH值为3.5，再用单标线吸量管移取盐酸羟胺溶液25mL于烧杯中，搅拌10min。

用0.05mol/L氢氧化钠标准滴定溶液快速滴定，直到pH值为3.5时为终点。

同时做空白试验。空白试验应与测定平行进行，并采用相同的分析步骤，取相同量的所有试剂（标准滴定溶液的用量除外），但空白试验不加试样。

（5）计算　游离甲醛含量X（质量分数，%）的计算公式如下：

$$X = \frac{(V_1 - V_0)c_1 \times 0.03003}{m_0} \times 100 \tag{5-18}$$

式中　V_1——滴定试样消耗的氢氧化钠标准滴定溶液的体积（mL）；

V_0——滴定空白消耗的氢氧化钠标准滴定溶液的体积（mL）；

c_1——氢氧化钠标准滴定溶液的浓度精确值（mol/L）；

m_0——试样的质量（g）；

0.03003——与1.00mL氢氧化钠标准滴定溶液［$c(\mathrm{NaOH})$=1.000mol/L］相当的，表示的甲醛的质量（g）。

6. 含水量

同5.2.1节水分。

5.5.2　有机酯固化剂的性能检测

在碱性酚醛树脂黏结体系中，有机酯是参与化学反应的固化剂，通常有甲酸甲酯、丁丙酯、乙二醇乙二乙酸酯、甘油三乙酸酯、丙甘醇双乙酸酯、丁二醇双乙酸酯等。甲酸甲酯的固化速度最快，丁二醇双乙酸酯固化速度最慢，甘油乙酸酯应用较为普遍，它是三乙酸甘油酯与二乙酸甘油酯的混合物。

有机酯固化剂目前尚无国家标准、行业标准，其质量指标各厂均有所不同，但通常：酯含量≥98%；密度为1.10~1.20g/cm³；20℃时，黏度≤50mPa·s；游离酸含量≤0.5%；水分≤0.5%。

1. 有机酯含量

同4.2.2节酯含量。

2. 酸度

（1）试剂和材料　按GB/T 603—2002《化学试剂　试验方法中所用制剂及制品的制备》配制10g/L的酚酞指示剂；按GB/T 601—2016《化学试剂　标准滴定溶液的制备》配制0.02mol/L的氢氧化钠标准滴定溶液；分析纯无水乙醇。

（2）装置　250mL三角烧瓶；10mL、分度值为0.1mL的A类碱式滴定管。

（3）试验方法　取50mL无水乙醇于250mL三角烧瓶中，加3滴酚酞指示剂，摇匀，用氢氧化钠标准滴定溶液（10mL碱式滴定管）滴至刚显粉红色，读

数记为 V_1，然后加 40g 样品（精确至 0.0001g）于三角烧瓶中，摇匀，以氢氧化钠标准滴定溶液滴至粉红色，保持 10s 不褪色即为终点，读数记为 V_2。每个样品平行测定 2 次。

（4）计算　有机酯的酸度以 X（%）表示，计算公式如下：

$$X = \frac{(V_2 - V_1)c \times 60.05}{1000m} \times 100 \qquad (5-19)$$

式中　V_1——滴定有机酯前滴定管的读数（mL）；

V_2——滴定有机酯后滴定管的读数（mL）；

c——氢氧化钠标准滴定溶液的浓度（mol/L）；

m——样品质量（g）；

60.05——乙酸的摩尔质量（g/mol）。

取 2 次平行测定值的算术平均值作为测试结果，保留小数点后 3 位。2 次测定值之差不应大于 0.001%。

5.5.3　酯固化碱性酚醛树脂砂的性能检测

1. 抗压强度

（1）试剂和材料　铸造用碱性酚醛自硬树脂；甘油三乙酸酯；标准砂。

（2）装置　容器为普通一次性塑料杯；量程为 3kg、精度为 1g 的台秤；量程为 100g、精度为 0.01g 的天平；温湿度计和秒表；SHY 型树脂砂混砂机；SWY 型液压万能强度试验仪；抗压试样模具为 ϕ50mm×50mm 的圆柱形标准试样模具，模具材质为木模。

（3）试验方法

1）试验条件。砂温 20℃±2℃，室温 20℃±2℃；相对湿度 60%±5%。

2）试验步骤。

① 混合料的制备：称取 1000g 标准砂，倒入树脂砂混砂机的混砂钵内。用 2 只普通一次性塑料杯分别称取铸造用碱性酚醛自硬树脂 18g、甘油三乙酸酯 4.5g，然后倒净，放入天平称其质量并记录，然后用对应的称量杯称取铸造用碱性酚醛自硬树脂 18g、甘油三乙酸酯 4.5g，精确至 0.1g。

启动树脂砂混砂机，在一边搅拌一边用刮刀刮壁的条件下，将称量好的 4.5g 甘油三乙酸酯均匀倒入混砂钵内，搅拌 60s；再将称量好的 18g 铸造用碱性酚醛自硬树脂倒入混砂钵内，继续搅拌 120s 后出砂。

② 制样：将混合料倒入圆柱形标准试样模具中，人工压实，刮平。

将成形的圆柱形标准试样存放在规定的试验条件下自然硬化，测定 24h 的抗压强度，每组测 5 块试样，并记录。

（4）计算　结果用兆帕（MPa）表示；5 块试样强度值，去掉最大值和最小值，以余下 3 块试样的强度算术平均值作为其抗压强度结果。

允许误差：3 个数值中任何一个数值与平均值的相对偏差应不超过 10%，如果超过 10%，则从混合料的制备开始重新试验。

2. 可使用时间

同 5.2.3 节可使用时间。

3. 起模时间

同 5.2.3 节起模时间。

4. 流动性

同 5.2.3 节流动性。

5. 热变形量

同 5.2.3 节热变形量。

6. 发气量与发气速度

同 5.2.3 节发气量和发气速度。

7. 表面安定性

同 5.2.3 节表面安定性。

8. 灼烧减量

同 5.2.3 节灼烧减量。

9. 强度试验的注意事项

（1）树脂及固化剂的称量 因为树脂和固化剂的加入量占试验用砂的比例较小，如果称量不准的话，会给树脂强度的检测结果带来偏差。由于用称量杯盛树脂或者固化剂后倒空，一般都会存在黏壁现象，因此用玻璃或者塑料空杯作为皮重直接加树脂、固化剂称量。因为物料黏壁问题会导致称样量偏低，所以称量前先用一些树脂、固化剂分别润湿称量杯后，再以此杯进行称量，可以将称样量的误差减小到最低。

（2）混砂过程 在向 SHY 型树脂砂混砂机的砂钵中加树脂和固化剂时，一定要注意慢速、均匀地注入，否则树脂、固化剂容易形成砂团，不能混匀，边加液料边用片状物不断刮壁，防止树脂黏壁。

（3）手工制样 混合均匀的树脂砂等混合料应及时填入相应的模具，填砂捣实过程用力要均匀，使模具中的每个试块的尺寸和质量符合要求。

（4）模具要求 需定期对试验用的模具的磨损情况进行检查、记录，不符合要求的应及时修理、更换。冷芯盒试验机模具内的"气塞"不能存在堵塞现象，分型面上的浮砂应清除干净，否则制样时会飞砂、跑气，导致试块强度偏差。

（5）强度测试 用 SWY 型液压强度试验机对试块进行强度测试时，转动手轮的速度和力量应均匀一致，切忌一会儿慢一会儿快，否则会使强度数值显示偏差。

5.5.4　碱性酚醛树脂砂主要指标对铸件质量的影响

碱性酚醛树脂砂主要指标对铸件质量的影响见表 5-14。

表 5-14　碱性酚醛树脂砂主要指标对铸件质量的影响

技术指标	指标值	对铸件质量的影响
试样常温抗拉强度 /MPa	一级 ≥0.8;二级 ≥0.5	砂型强度高,铸件尺寸精度高,并且铸铁件型壁位移少,石墨化膨胀自补缩能力强,组织致密
黏度(25℃) /mPa·s	≤150,可达到 50~70	越低越好,低黏度树脂容易包覆砂粒表面,砂型强度好,铸件精度高;可降低树脂加入量,降低成本
pH 值	≥12	强碱性才能与有机酯发生化学反应,树脂硬化;使砂型强度高,但不能太高,太高碱金属大量沉积砂粒表面,和金属液反应,造成粘砂,又给砂再生造成困难;污染环境
游离甲醛含量 (质量分数,%)	一级 ≤0.1 二级 ≤0.3	越低越好,减少环境污染,保证员工健康

5.6　树脂砂检测注意事项

5.6.1　树脂取样规则

液态树脂采样时,以每个包装桶为单元,以桶数为单元数,单元数小于 512 时,取样单元数按表 5-15 的规定选取。取样时,用干净的玻璃取样管(规格一般为 $\phi15mm×110mm$)插入包装桶内,分别从桶的底部、中部和上部取等体积的树脂混合,每只桶的取样量不少于 100g,存放样品的容器为干净的玻璃瓶或者塑料瓶,样品应密封保存。

表 5-15　取样单元数对照表

总体物料的单元数	选取的最小单元数
1~10	全部单元
11~49	11
50~64	12
65~81	13
82~101	14
102~125	15
126~151	16
152~181	17

（续）

总体物料的单元数	选取的最小单元数
182～216	18
217～254	19
255～296	20
297～340	21
341～394	22
395～450	23
451～512	24

对槽罐装树脂采样时，需从罐内树脂的上部、中部和下部抽取等体积的样品混合。

生产方可以直接从反应釜中取已经混合均匀的成品树脂或固化剂作为样品。

样品量应至少满足3次重复检测的需求，当需要留存备查样品时还应满足备查样品的需求。样品瓶上应有清晰的标识，标签应包括物料名称、生产单位、数量、包装情况、取样日期、取样人姓名等信息。检验后，剩余的样品应保存3个月，以备复查。

5.6.2 树脂砂取样规则

树脂砂日常质量抽检取样应遵守下列规则：

1）应当由试验员亲自取样，不可由混砂工或其他人代取、代送，以保证试验结果严谨可靠。

2）应注意取样的均匀性和代表性，避免从砂堆表层收集混合料，也不可取团块状的和混有异物的树脂砂。

3）除覆膜砂外，若从生产线连续式混砂机取样，应去除头砂、尾砂（因其树脂含量太少或太多）；若从间歇式混砂机取样，应从树脂砂中间取样；最好在现场制样、起模。

4）从取样处将树脂砂拿回试验室的容器应当是手提、有盖的小型塑料桶，桶上有明显编号以免混乱。不可用旧报纸将砂样托回试验室。以免纸张吸水和在空气中水分蒸发而改变性能。

5）应考虑到树脂砂一般有"可使用时间"的概念。从取样处拿回试验室的树脂砂，只能做性能比较用，应记录取样、走路等到制样的时间，并在报告上写明。

6）树脂砂的取样频次依各铸造企业的实际情况而定。如果铸造企业面积较大，有多条造型线和砂处理系统分布在车间中，或者有两个以上铸造车间共用型砂试验室，可以配备专用电动车辆供试验员取砂样使用。

5.6.3　硅砂对树脂砂性能检测的影响

树脂砂的物理化学性能及固化特性，决定了它对硅砂的质量要求有别于其他铸造工艺，尤其是硅砂的含水量、含泥量、酸耗值、表面状态、温度等指标对树脂砂的工艺性能和铸件质量影响极大，需要做一些特别说明。

1. 硅砂含水量的影响

GB/T 5611—2017《铸造术语》中，树脂砂用硅砂含水量的定义为造型材料中能在 $105 \sim 110 ℃$ 烘干去除的水分含量。以试样烘干后失去的质量与原试样质量的百分比表示。GB/T 9442—2010《铸造用硅砂》中规定"袋装烘干硅砂的含水量不大于 0.3%"；GB/T 25138—2010《检定铸造黏结剂用标准砂》中规定"铸造用标准砂的含水量不大于 0.3%"。对此，硅砂水分不大于 0.3% 是值得商榷的。因为水分对树脂砂而言，对固化速度、强度、表面安定性、发气量等都是十分有害的，会导致铸件质量的不可控和废品量的大量增加。因此，树脂砂用硅砂水分应尽可能低，呋喃树脂砂用硅砂水分要 ≤0.2%。冷芯盒树脂砂（含酚醛脲烷自硬砂）用硅砂水分应不大于 0.1%。在树脂砂检测过程中，不仅要注意硅砂中的水分，还要注意树脂、固化剂、涂料和大气中的水分（湿度）对检测过程的影响，以保证检测数据的一致性和可比性。

2. 硅砂含泥量的影响

GB/T 5611—2017《铸造术语》中定义含泥量为铸造用砂中粒径小于 0.02mm 颗粒的质量占砂样总质量的百分比。注意，这里只限定了颗粒尺寸，没有限定化学成分。只要硅砂中颗粒大于 0.02mm，不论其化学成分或矿物组成如何，均计入砂粒部分，小于 0.02mm 者，不论为何种物质（包括细小的石英颗粒），均计入其中。

含泥量是树脂砂用硅砂的一项重要指标，按 GB/T 9442—2010《铸造用硅砂》规定，硅砂最大含泥量分为 0.2%、0.3%、0.5%、1.0%（质量分数）4 等；GB/T 25138—2010《检定铸造黏结剂用标准砂》规定含泥量应不大于 0.3%。事实上，上述标准中关于含泥量的规定已不能完全满足树脂砂的技术需求。

因此，树脂砂用硅砂含泥量应小于 0.2%，以 0.1% 左右为宜。因为硅砂含泥量高，会消耗过多的树脂黏结剂，显著降低树脂砂的强度；且泥分中往往含有碳酸盐等碱性物质，使砂的酸耗值增大，影响树脂砂的硬化和可使用时间。关于含泥量降低树脂砂强度，不少人只是从粉料比表面积大、能吸附较多的黏结剂来考虑，而对于硅砂表面状态和微观污染对树脂砂的影响未能足够估量。

3. 硅砂细粉含量的影响

GB/T 5611—2017《铸造术语》中规定"微粉含量"为铸造用砂中粒径为 0.02～0.106mm 颗粒的质量占砂样总质量的百分比，即 140 目筛及其以下的三个筛和底盘总和。大量试验与生产证明，微粉含量质量分数每增加 0.5%，树脂砂强度下降 20%。因此，树脂砂用硅砂中的微粉含量应尽量少。因为细粉含量多，其比表面积大，将消耗大量树脂，这不仅影响树脂砂的强度，而且还降低树脂砂的表面安定性。笔者建议：根据粒度组成，树脂砂用硅砂的细粉含量由供需双方协议商定。GB/T 25138—2010《检定铸造黏结剂用标准砂》规定，铸造用标准砂的细粉含量不大于 0.3%。要注意的是，"细粉含量"不同于"微粉含量"，后者是微粒与细粉的合称。

4. 硅砂酸耗值的影响

酸耗值是树脂砂性能的一个指标，按 GB/T 5611—2017《铸造术语》中的定义，它反映了原砂中碱性物质的含量，用中和 50g 原砂的碱性物质达到一定酸度值（pH 值）时所消耗的 0.1mol/L 盐酸的体积表示，单位为 mL。当 pH＝7 时，树脂砂用硅砂酸耗值的要求是 ≤5mL。这里需要说明的是，酸耗值与 pH 值不是同一概念，硅砂中含有不溶于水的碱性物质或能与酸反应的碳酸盐时，它们并不影响 pH 值，但能与酸性固化剂反应，从而影响固化性能。因此，耗酸量是选用树脂砂用硅砂的重要指标，铸造厂不能因为价格便宜就使用不经处理的海砂作为树脂砂的原砂，因未经处理的海砂中含有大量氧化铁、氧化镁、氧化钙等碱性化合物，耗酸量大多 ≥50mL/50g。它对固化过程和铸件质量都造成了严重影响，对冷芯盒树脂砂而言，将严重影响可使用时间，大幅降低型（芯）强度，使砂型表面极不稳定，导致断芯、铸件粘砂、砂孔缺陷大量增加。而对呋喃树脂砂而言，会增加酸性固化剂量，甚至不硬化。因此，降低树脂砂用硅砂的酸耗值是必需的。

5. 硅砂表面状态的影响

硅砂在其形成过程中必然会被其周围的物质所污染，即使曾长期在水力作用下的沉积砂也不例外。这里所说的污染是指颗粒尺寸远小于砂粒的、附着于砂粒表面或掺杂于砂粒之间的杂质。这种污染又大体上有两种情形：一种是杂质的颗粒较大，能用常规加水搅拌冲洗等方法将其与砂粒相分离，称为宏观污染，我们将这种污染物称为硅砂的泥分；另一种则是用光学放大镜基本上不能分辨的很小的杂质颗粒，它们牢固地附着在砂粒表面，或呈披覆在砂粒表面的薄膜样，用常规方法难以脱除，称为微观污染。

砂粒的微观污染又与砂粒的表面特征有密切的关系。表面比较光滑、裂隙及凹坑较少的砂粒，其微观污染程度一般较轻，污染也较易于脱除。因此，又将砂粒的表面特征及其微观污染情形总称为原砂颗粒的表面状态。

树脂砂用原砂的表面应选用少污染、少泥分的硅砂。为此，必须选用经过化学法、水洗法和擦洗法净化处理过的硅砂。在此建议：检测人员应特别注意所选砂样的表面状态及其对检测数据重现性和可靠性的重要影响，宜选择水洗砂作为呋喃树脂砂和碱性酚醛树脂砂用硅砂，宜选用擦洗砂作为冷芯盒树脂砂用硅砂。

6. 硅砂温度的影响

硅砂温度和大气温度对树脂砂的生产率和成品率都会产生很大影响。温度低时，树脂黏度高，不易使树脂包覆在砂粒表面，会导致混砂效率降低、混砂时间延长。实践表明，温度影响遵循"10℃"原则，即温度每增加10℃，树脂砂的反应速度加快1倍，同样温度每降低10℃，树脂砂的反应速度减慢1倍。尤其是在高温高湿环境中，水分更易于聚集在砂粒表面，破坏树脂与砂粒建立的黏结桥。但砂温过高，一方面加剧其中溶剂挥发，恶化环境，另一方面缩短混合料可使用时间，型（芯）质量下降。因此，树脂砂检测务必控制硅砂温度、模样温度和实验室温度和湿度。相关标准对试验条件的规定：砂温20℃±2℃，室温20℃±2℃；相对湿度60%±5%。

在检测过程中，树脂砂用硅砂应用砂恒温器来控制原砂或再生砂温度。环境温度低时，冷芯盒树脂砂开始前可压紧芯盒向盒内吹热空气；呋喃树脂砂可对模样进行预加热，随后靠呋喃树脂砂的放热反应来保温。在芯盒或模样表面预热后再开始检测，可大大提高检测数据的准确性。

5.7　覆膜砂及其原材料的性能检测

铸造用覆膜砂，即砂粒表面在造型前即覆有一层固体树脂膜的型砂或芯砂。有冷法和热法两种覆膜工艺，冷法用乙醇将树脂溶解，并在混砂过程中加入乌洛托品，使二者包覆在砂粒表面，乙醇挥发后，得到覆膜砂；热法把砂预热到一定温度，加树脂使其熔融，搅拌使树脂包覆在砂粒表面，加乌洛托品水溶液及润滑剂，冷却、破碎、筛分后得到覆膜砂。

5.7.1　热塑性酚醛树脂的性能检测

热塑性酚醛树脂，又称线形酚醛树脂或二阶酚醛树脂或 Novolac 树脂，是在酸性介质中，由过量的苯酚与甲醛反应制得。

1. 外观

条状、粒状或片状的黄色或棕红色透明固体。

2. 软化点 （环球法）

（1）试剂和材料　新煮过的蒸馏水，加热至沸腾后冷却至35℃，用于软化点不大于80℃的样品测定；分析纯丙三醇（甘油），用于软化点大于80℃的样品测定。

（2）装置　参照GB/T 8146—2022选择软化点测定器，装置如图5-13和图5-14所示；内标式温度计，浸入高度为55mm，尾长为100mm，刻度范围为30~100℃，最小分度为0.2℃，水银球外径为5.0mm±0.5mm，水银球长为8mm±2mm，全长为380mm±10mm；容量为800mL，直径为90mm，高度不低于140mm的烧杯；手动搅拌器，也可使用机械搅拌器或电磁搅拌器。

（3）试样制备　取粉碎至直径约5mm的热塑性酚醛树脂约5g于器皿中，慢慢加热使其在尽可能低的温度下熔融，避免产生气泡和发烟。将熔融的热塑性酚醛树脂立即注入平放在铜板上预热的圆环中，待热塑性酚醛树脂完全凝固，轻轻移去铜板。环内应充满热塑性酚醛树脂，表面稍有凸起，用电熨斗烫平，以备检验。如环内有下凹或气泡等现象，应重新制作。

（4）试验方法　同一次试样用于同等条件下的2个平行测定。

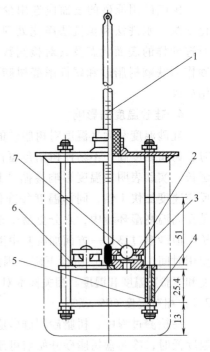

图5-13　软化点测定器

1—温度计　2—钢球定位器　3—圆环
4—平板　5—定距管　6—环架板　7—钢球

注：图中尺寸单位为mm。

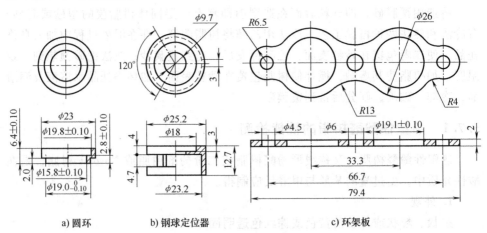

a）圆环　　　　b）钢球定位器　　　　c）环架板

图5-14　软化点测定器主要零件

注：图中尺寸单位为mm。

将准备好的试样圆环放在环架板上，把钢球定位器装在圆环上，再把钢球放入钢球定位器中心。另从环架顶盖插入温度计，使水银球底部与圆环底面在同一平面上，然后将整个环架放入烧杯内。以上装置完成后，将新煮过的蒸馏水倒入烧杯中，使环架板的上表面至水面保持 51mm。放置 10min 后，用可调节的电炉或其他热源加热，使水温每分钟升高 5℃±0.5℃，并不断地充分搅拌，使温度均匀上升，直至测定完毕。

如试样软化点高于 80℃，应将容器内的传热介质改为丙三醇。

（5）计算 软化点以包裹着钢球的热塑性酚醛树脂落至平板瞬间的温度的数值表示，单位为℃。同一次试样的 2 个平行测定值允许相差 0.4℃，最终结果取算术平均值，保留到小数点后 1 位。

3. 聚合时间

（1）试剂和材料 分析纯六次甲基四胺。

（2）装置 聚合热力板要求钢板温度恒定在 150℃±1℃（下面用电炉加热），尺寸为 200mm×200mm×50mm 的 45 钢板，中心圆直径为 50mm，推荐的形状尺寸如图 5-15 所示；0~2000W 的电炉；0~300℃、分度值为 0.1℃ 的数显温度计；瓷研钵；宽约 10mm、长度为 100~150mm 的钢刮刀；分度值为 0.01g 的分析天平。

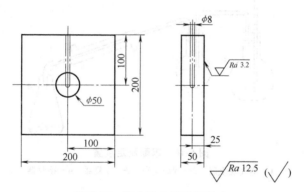

图 5-15 聚合热力板形状尺寸

（3）试验方法

1）试验环境：温度为 24.0~27.0℃，湿度≤80%。

2）称取通过筛孔尺寸为 0.150mm 铸造用试验筛的热塑性酚醛树脂试样 9.0g（精确至 0.01g），放置在预先加热到 150℃±1℃ 的聚合热力板的中心圆内，用钢刮刀（与聚合热力板同时预热）铺平。当树脂全部熔化时开始计时，同时用钢刮刀不断搅动按压并保持样品在聚合热力板中心圆内处于摊平状态（搅拌频率宜保持在 1 次/s）；待树脂黏度增大后，搅拌的同时向上拉丝（拉丝频率宜保持在 2 次/s），直至拉不成丝，立即停止计时，记录所需时间。

（4）计算 每个试样做 3 次试验，测定结果取平均值。3 次试验中，任何一个试验结果与其平均值的相对偏差不应超过 10%。

4. 游离酚

酚醛树脂中的游离酚有化学法和气相色谱法，下面主要介绍化学法，气相色谱法可参照 GB/T 24411—2009《摩擦材料用酚醛树脂》中的规定。

（1）定义 酚醛树脂中的游离酚用水蒸气蒸馏与水一起馏出，用溴化法测定。

（2）试剂和材料 95% 的分析纯乙醇；溴酸钾-溴化钾溶液，称取 7.83g $KBrO_3$ 和 37.5g KBr 用蒸馏水在 1000mL 容量瓶中定容；分析纯盐酸；20% 碘化钾溶液；0.1mol/L 硫代硫酸钠；10g/L 淀粉指示剂；溴液，25mL 溴酸钾-溴化钾溶液加入 5mL 盐酸混匀；硫酸纸。

（3）装置 苯酚测定装置如图 5-16 所示；1000mL 瓶底烧瓶；1000mL 容量瓶；长度为 600mm 的冷凝器（蛇形）；玻璃连接管；1000W 电炉；100mL、50mL、10mL、5mL 移液管；精度为 0.0001g 的分析天平；500mL 碘量瓶；100mL 烧杯。

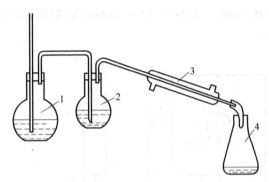

图 5-16 苯酚测定装置
1—蒸气发生瓶 2—圆底烧瓶 3—冷凝器 4—接收器

（4）试验方法 用已知质量的硫酸纸称取试样 1~2g（精确至 0.0001g），放入平底烧瓶中，加入 95% 乙醇 25mL±0.5mL，溶解试样，再加入蒸馏水 100mL，用水蒸气蒸馏，将馏出液收于 1000mL 容量瓶中，当流出液达到约 600mL 时用小烧杯接出几滴馏出液并滴加 2 滴溴液，若馏出物与溴液相遇不发生浑浊即停止蒸馏，若发生浑浊则继续蒸馏，直至馏出物与溴液相遇不发生浑浊为止；然后用蒸馏水将馏出液稀释至刻度并摇匀。

移取馏出液 100mL 于 500mL 碘瓶中，再移入溴酸钾-溴化钾溶液 50mL、盐酸 5mL，摇匀静置 10min，加入 10mL 20% 的碘化钾溶液于暗处静置 5min，用 0.1mol/L 的硫代硫酸钠标准滴定溶液滴定，近终点时加入淀粉指示剂 2mL，继续滴定至蓝色消失为终点，同时进行空白试验。

（5）计算 游离酚含量以质量分数 w_1（%）表示，计算公式如下：

$$w_1 = \frac{(V_1-V_2)c\times0.01568\times1000}{100m}\times100 \tag{5-20}$$

式中 V_1——空白试验消耗硫代硫酸钠标准滴定溶液的体积（mL）；

V_2——试样消耗硫代硫酸钠标准滴定溶液的体积（mL）；

c——硫代硫酸钠标准溶液的浓度（mol/L）；

0.01568——苯酚的摩尔质量（g/mmol）；

m——试样质量（g）。

平行测定 2 次，取算术平均值作为测定结果，计算结果保留至小数点后 2 位。在重复性条件下获得的 2 次独立测定结果的绝对差值不大于 1%。

5. 含水量

（1）试剂和材料 化学纯甲酚液；苯液，预先将蒸馏水与无水苯振荡，使苯层饱和水分。

（2）装置 油浴加热装置；50mL 和 100mL 量杯；水分测定器。

（3）试验方法 称取固体树脂试样 10g（精确至 1mg），置于洁净干燥的 250mL 圆底烧瓶中。加入 60mL 苯液及 40mL 甲酚，再加入沸石以保证均匀沸腾。接上蒸馏接收管，冷凝管的上端装氯化钙（$CaCl_2$）干燥管，避免空气中的水分进入冷凝管内部凝结。在油浴上加热，缓缓升温。试样融化后即升高油浴温度，使之沸腾回流，控制回流速度为 2 滴/s。待大部分水分出来之后，提高回流速度至 4 滴/s。接收管不增加水量时，再回流 15min，静置冷却后，称量接收管内水的质量。

（4）计算 含水量 $w(H_2O)$（质量分数，%）的计算公式如下：

$$w(H_2O) = \frac{m_1}{m}\times100 \tag{5-21}$$

式中 m_1——蒸馏器接收管内水的质量（g）；

m——试样质量（g）。

6. 流动性

（1）装置 鼓风式干燥箱，最高温度 200℃以上；流动性测定板；瓷研钵；150mm 金属尺；1kW 电炉；0～200℃、分度为 1℃的温度计。

（2）试验方法 称取通过筛孔尺寸为 0.150mm 铸造用试验筛的壳型（芯）酚醛树脂试样 9.0g，乌洛托品 1.0g，均放入瓷研钵中将其研细混匀。称取混合料 0.5g，倒入预先加热到 80℃±5℃的测定板上的 φ20mm 坑中，然后将测定板水平放置在 125℃的干燥箱中。加热 2min 后迅速将测定板从带坑的一头抬起，置于与水平面成 60℃倾角的支架上。保温 15min 后，将测定板从干燥箱中取出，

用金属尺以 ϕ20mm 圆的中心为基点测量树脂流线的长度（单位为 mm），即为树脂的流动性。

（3）计算　每个试样做 3 次试验，试验结果取其平均值。其中任何一个试验数据与平均值相差超过 10% 时，应重新进行试验。

5.7.2　覆膜砂的性能检测

1. 取样方法

对每一批次（按吨位划分，每连续生产 10t 为一个批号）中的覆膜砂进行取样时，可从包装完好的同一批次覆膜砂中选取平均样品，袋装覆膜砂的平均样品从同一批次的 1% 中选取，但不得少于 3 袋，其质量不得小于 5kg。检验所需的样品用"四分法"或分样器从总样品中选取。如果对某一部分的覆膜砂质量产生疑问，应对它单独取样检验。

2. 熔点

（1）定义　覆膜砂在热的作用下，涂覆在砂粒外表面的酚醛树脂开始熔化，将砂粒黏结在一起的温度称为它的熔点。

（2）装置　熔点测定仪。

（3）试验方法　将熔点测定仪金属板面上的温度沿轴向在 60~130℃ 范围递增，并分成许多不同温度的区间，每一区间的温度应保持恒定。

试验时，用特制漏斗在上述金属试验板面上均匀地撒上一层厚 1.5mm、宽 20mm 的长条形覆膜砂带，保温 1min，使之开始熔化，然后用毛刷匀速沿仪器的金属板移动，将未固化的覆膜砂刷掉。测试固化的覆膜砂点温度，将其定为覆膜砂的熔点温度。每个试样需测定 3 次，试验结果取其算术平均值。

3. 常温抗弯强度

（1）装置　SWY 液压强度试验机；ZS-6 型制样装置及配套支撑装置（两支点间距为 60mm）。

（2）试样制备　常温抗弯强度试样尺寸为 22.36mm×11.18mm×70mm。

先将试样模具及上、下加热板加热至 232℃±5℃，然后移开上加热板，迅速将覆膜砂由砂斗倒入模腔中；刮板刀口垂直于模具（与模具长度方向平行），从试样的中间分 2 次向两边刮去模具上多余的砂子；然后压上上加热板，开始计时，保温 2min，取出试样，放于干燥处，自然冷却到室温并在 1h 内进行测量。

（3）试验方法　将抗拉试样放置到试验机的支点上，应使试样的光面落在两个支撑的刀口上，加载的单刃口则落在试样刮平的平面上，逐渐加载，直至试样断裂。

（4）结果表述　试样常温抗弯强度值的测定按 GB/T 2684—2009《铸造用

砂及混合料试验方法》的规定执行，其抗弯强度值为压力计中抗拉强度值的
16 倍。

4. 常温抗拉强度

（1）装置　SWY 液压强度试验机；ZS-6 型制样装置。

（2）试样制备　铸造用覆膜砂常温抗拉强度用"8"字形标准试样，如图 5-17
所示。抗拉强度的试样制备参照 5.7.2 节常温抗弯强度（2）试样制备。

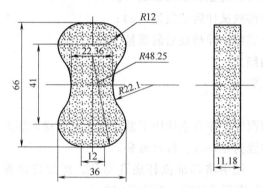

图 5-17　"8"字形抗拉强度试样

注：图中尺寸单位为 mm。

（3）试验方法　试样常温抗拉强度值的测定按 GB/T 2684—2009《铸造用
砂及混合料试验方法》的规定执行，其抗弯强度值为压力计中抗拉强度值的
2 倍。

5. 热态抗弯强度

热态抗弯强度试样的制备及测定方法参照 5.7.2 节常温抗弯强度。对于热态
抗弯强度，取出试样后，应立即放试验机上逐渐加载，直至试样断裂。要求在取
出试样后 10s 内测完。

6. 热态抗拉强度

热态抗拉强度试样的制备及测定方法参照 5.7.2 节常温抗拉强度。对于热态
抗拉强度，取出试样后，应立即在试验机上逐渐加载，直至试样断裂。要求在取
出试样后 10s 内测完。

7. 灼烧减量

（1）定义　覆膜砂的灼烧减量为覆膜砂中可燃物和可挥发物占物质总量的
百分比。

（2）检测装置　高温箱式电阻炉；精度为 0.001g 的天平；瓷舟。

（3）试验方法　首先将经 1000℃±5℃、焙烧 30min 至恒重的瓷舟置于干燥
器中冷却到室温备用，同时称量瓷舟质量。在已焙烧的瓷舟中称放 2g（精确至
0.001g）待测的覆膜砂试样，称量此时瓷舟质量（连同放入的覆膜砂）。然后一

起放入已经加热到1000℃±5℃的高温箱式电阻炉中灼烧30min；取出瓷舟，放置到干燥器中，冷却到室温后再次称量瓷舟质量（连同一起灼烧的覆膜砂）。

（4）计算　灼烧减量以 D（%）表示，计算公式如下：

$$D = \frac{W_1 - W_2}{W_1 - W_0} \times 100 \tag{5-22}$$

式中　W_0——空瓷舟焙烧至恒重的质量（g）；

　　　　W_1——瓷舟盛放试样后的质量（g）；

　　　　W_2——瓷舟盛放试样焙烧后的质量（g）。

8. 粒度和平均细度

同2.2.6节粒度。

9. 流动性

（1）定义　指覆膜砂在自重作用下砂粒间相对移动的能力。

（2）装置　装置为 $\phi 6mm$ 的标准流杯。

（3）试验方法　用手将标准流杯底孔塞住，然后将覆膜砂添满，刮平后，移开手指，同时以秒表开始计时，至砂流完为止。

（4）计算　秒表计时的这段时间为该砂的流动性测定值，单位为 s。

10. 发气量

（1）装置　GET-Ⅲ发气性测定仪；精度为0.001g的天平；瓷舟。

（2）试样制备　将从覆膜砂常温抗拉强度试样断口处磨下来的砂子作为测定发气量的试样，保存在干燥器中。

（3）试验方法　将发气性测定仪升温至1000℃±5℃，称取1g±0.01g试样，均匀置于瓷舟中（瓷舟预先经1000℃±5℃灼烧30min后置于干燥器中冷却至室温待用），然后将瓷舟迅速送入石英管红热部位，并封闭管口，记录仪开始记录试样的发气量，在3min内读取测定仪记录的最大数据，将其作为试样的发气量值。

11. 硬化率

（1）装置　SWY液压强度试样机。

（2）试验方法　按照5.7.2节常温抗弯强度制备2组试样，第2组试样保温1min。分别测试2组试样的常温抗弯强度 σ_1、σ_2。

（3）计算　硬化率以 Y（%）表示，计算公式如下：

$$Y = \frac{\sigma_2}{\sigma_1} \times 100 \tag{5-23}$$

式中　σ_1——第1组试样的常温抗拉强度（MPa）；

　　　　σ_2——第2组试样的常温抗拉强度（MPa）。

12. 高温膨胀率

（1）定义 在 1000℃ 的温度下，覆膜砂试样自由膨胀后的线性变化量与试样原尺寸的百分比（%）。

（2）装置 覆膜砂制样机，主要由 ϕ12mm×20mm 试样模具，以及加热、温度控制和时间设置装置等组成；ZGY 树脂砂高温性能测试仪。

（3）试样制备 将制样机上、下加热板加热至 232℃±5℃，然后移开上加热板，放入常温模具，迅速将覆膜砂倒入型腔中，用刮板刀口垂直于模具刮去其上多余的砂子，然后压上上加热板，开始计时，保温 6min，取出试样，试样要求整体致密、两端面平整平行，放入干燥器中自然冷却后，30min 内检测完毕。

（4）试验方法 将 ZGY 树脂砂高温性能测试仪加热炉降到适当位置，使待测试样的位置位于炉子中间，将加热炉升温，到达设定温度 1000℃。

将试样放入炉套中间，记录试样受热自由膨胀后变形传感器显示的最大变形量。

（5）计算 试样定载荷下的高温膨胀率用 ER_T（%）表示，计算公式如下：

$$ER_T = \frac{\Delta L}{20} \times 100 \qquad (5\text{-}24)$$

式中 ΔL——试样自由膨胀后的最大变形量（mm）；

20——试样原始尺寸（mm）。

测定 5 个试样，去掉最大值和最小值，将剩下的 3 个数值取平均值，作为最终结果。如果 3 个数值中任何一个数值与平均值相差超过 10%，试验需要重新进行。

13. 高温耐热时间

（1）定义 在 1000℃ 的温度下，覆膜砂试样在定载荷下不溃散的时间，用 t_T（s）表示。

（2）装置 ZGY 树脂砂高温性能测试仪。

（3）试样制备 同 5.7.2 节高温膨胀率（3）试样制备。

（4）试验方法 将 ZGY 树脂砂高温性能测试仪加热炉降到适当位置，使待测试样的位置位于炉子中间，将加热炉升温，到达设定温度 1000℃。

将试样放入炉膛中间，施加 0.2MPa 的定载荷，开始记录直至试样溃散时持续的时间，即为定载荷下的高温耐热时间。

14. 高温抗压强度

（1）定义 在 1000℃ 的温度下，覆膜砂试样单位面积承受的压力。

（2）装置 ZGY 树脂砂高温性能测试仪。

（3）试样制备 同 5.7.2 节高温膨胀率（3）试样制备。

（4）试验方法　将覆膜砂高温强度试验仪加热炉升温，到达设定温度 1000℃。将夹装调节好的试样放入炉套中，开始保温计时，1min 后，仪器测力机构以 1mm/s 的速率对试样加载，记录测量过程中的最大载荷。

（5）计算　试样的高温抗压强度用 CS_T（MPa）表示，计算公式如下：

$$CS_T = \frac{F_{max}}{113.04}$$

(5-25)

式中　F_{max}——试样承受的最大载荷（N）；

113.04——$\phi12mm\times20mm$ 试样的截面面积（mm^2）。

5.8　热芯盒砂及其原材料的性能检测

5.8.1　热芯盒用树脂的性能检测

铸造用热芯盒树脂是以甲醛、尿素、糠醇及苯酚等为主要化工原材料经缩聚反应合成的热固性树脂，应用于铸造热芯盒制芯工艺的黏结剂。

1. 密度

（1）试剂和材料　铬酸洗液；汽油或其他溶剂（用于洗涤密度瓶油污）。

（2）装置　瓶颈上带有毛细管磨口塞、体积为 250mL 的密度瓶；水浴温度控制在±1℃以内的恒温水浴；分度值为 0.1℃、量程为 0～50℃或 0～100℃的温度计；密度瓶支架；精度为 0.0001g 的天平。

（3）试验方法　首先测定密度瓶 20℃时的水值。先清除密度瓶和塞子的油污，用铬酸洗液彻底清洗，用水清洗后，再用蒸馏水冲洗并进行烘干。将冷却至室温的密度瓶精确称重（精确至 0.0002g），然后放入 20℃±0.1℃的恒温水浴中使之恒温（注意不要浸没密度瓶上端）。然后用移液管将新煮沸并冷却至 20℃的蒸馏水装满密度瓶，盖上瓶塞，再放入水浴中，并在水浴中保持 30min，使温度达到平衡。瓶中没有气泡、液面不再变动时，用滤纸吸去标线以上部分的水，然后盖上磨口塞。从水浴中取出密度瓶，仔细用绸布将其外部擦干，称重（精确至 0.0002g）。密度瓶 20℃时的水值可按式（5-26）计算。

$$m_0 = m_2 - m_1$$

(5-26)

式中　m_0——密度瓶的水值（g）；

m_1——空密度瓶的质量（g）；

m_2——装有 20℃水的密度瓶的质量（g）。

密度瓶的水值需要测定 3~5 次，取其算术平均值作为该密度瓶的水值。如果要测定树脂在温度 t 时的密度，则可在所需温度 t 测定密度瓶的水值。

将试样用注射器小心注入已确定水值和质量的清洁、干燥的密度瓶中，放上塞子，浸入恒温水浴中直到顶部，注意不要浸没密度瓶瓶塞。在水浴中恒温时间不得少于20min，待温度达到平衡、没有气泡、试样表面不再变动时，吸去过剩的试样，盖上磨口塞。从水浴中取出密度瓶，仔细擦干其外部，称重（精确至0.0002g）。

（4）计算　密度 ρ 的计算公式如下：

$$\rho = \frac{(m_3 - m_1) \times 0.99820}{m_0} + 0.0012 \qquad (5-27)$$

式中　m_0——20℃时密度瓶的水值（g）；

m_1——空密度瓶的质量（g）；

m_3——装有试样的密度瓶的质量（g）；

0.99820——水在20℃时的密度（g/cm³）；

0.0012——空气在温度为20℃和压力为101.325 kPa（760mmHg）时的密度（g/cm³）。

2. 黏度

同4.2.1节黏度。

3. 含水量

同5.2.1节水分。

4. pH 值

（1）pH 计法

1）装置。精度为0.1的pH计；50mL烧杯；25mL移液管。

2）试验方法。用干燥洁净的移液管吸取25mL树脂样品，置于50mL烧杯中。在室温下用pH计进行pH值测定，重复测定至读数稳定为止，该值即为被测树脂样品的pH值。

（2）精密pH试纸法

1）装置。精密pH试纸，pH值为5.4~7.0，pH值为5.5~9.0；50mL烧杯；25mL移液管。

2）试验方法。用干燥洁净的移液管吸取25mL树脂样品，置于50mL烧杯中。取一条精密pH试纸，放入被测样品中浸渗0.5 s，立即取出试纸与pH标准色板比较，测得颜色与色板相同或相近的pH值颜色即为被测树脂样品的pH值。

5. 游离甲醛

同5.3.1节酚醛树脂（组分Ⅰ）中的游离甲醛。

6. 游离酚

同5.2.1节游离苯酚含量。

7. 氮含量

同5.2.1节氮含量。

5.8.2 热芯盒砂的性能检测

热芯盒制芯工艺是指在原砂中加入适量的树脂、固化剂及附加物,将混合好的树脂砂用射芯机射入到加热的金属芯盒中,在芯盒的热作用下,树脂和固化剂反应,从而固化。

1. 常温强度和热强度

(1)试剂和材料 标准砂。固化剂,树脂氮含量不同,选用的固化剂也不同。高氮树脂选用质量比为氯化铵:尿素:水 = 1:3:3 的固化剂;其他树脂选用质量比为对甲苯磺酸:水 = 1:1 的固化剂。可根据供需双方协议选用配套固化剂。

(2)装置 量程为 10kg、分度值为 5g 的台秤;分度值为 0.1g 的天平;容量为 2kg 的树脂混砂机;热芯盒"8"字形试样模具;长条形标准试样模具;Z861 型热芯盒试样射芯机;SWY 型液压强度试验机;空气压缩机;240mm 干燥器。

(3)试样制备 混合料的配置:取标准砂 2000g 放入树脂砂混砂机中,开动混砂机后立即加入铸造用热芯盒固化剂 8g(若根据协议选用固化剂,须根据所选取固化剂确定固化剂加入量),混制 1min,然后加入铸造用热芯盒树脂 40g,混制 2min 后出料。将配置好的混合料盛于带盖的容器中或置于塑料袋里扎紧,以备进行试验,超过 15min 则不予使用。

空气压缩机供气,使射芯压力达 0.5~0.7MPa,将树脂砂装入射芯筒中,加满,刮去筒面及射芯孔中的余砂。按表 5-16 规定的参数射砂,至规定的硬化时间时,立即取出试样,制样完毕,清理好芯盒后合上芯盒备用。

表 5-16 铸造用热芯盒树脂强度测定的射芯参数

射芯参数	产品型号			
	W(无氮)	D(低氮)	Z(中氮)	G(高氮)
混料完毕到制样时间/min	≤15			
热芯盒模温/℃	210±5			
硬化时间/s	40	90	90	45

(4)抗拉强度的试验方法 到达规定的硬化时间时,打开芯盒,立即取出"8"字形标准试样,其中一块立即进行热抗拉强度的测定,从取出试样到试样拉断时间不应超过 10s。将取出的另一块试样置于干燥器中冷却至室温。每个树脂样品分 5 次制样测定抗拉强度,测定抗拉强度时,试样放在强度试验机夹具中,转动手轮,逐渐加载,直到试样断裂,从压力表上读出其抗拉强度,并记录当时的室温和相对湿度。

（5）抗弯强度的试验方法　到达规定的硬化时间时，打开芯盒，立即取出长条字形标准试样，其中一块立即进行热抗弯强度的测定，从取出试样到试样弯断时间不应超过10s。将取出的另一块试样置于干燥器中冷却至室温。每个树脂样品分5次制样测定抗弯强度，测定抗弯强度时，试样放在强度试验机夹具中，转动手轮，逐渐加载，直到试样断裂，从压力表上读出其抗弯强度，并记录当时的室温和相对湿度。

（6）计算　测定5块试样的强度值，然后去掉最大值和最小值，将剩下3个数值取平均值作为试样强度值。

3个数值中，任何一个数值与平均值的差不允许超过10%。如果超过，应重新开始试验。

2. 流动性

同3.5.6节流动性。

3. 表面强度（参考方法）

（1）定义　在存放和搬运过程中，热芯盒砂芯的表面和棱角抵抗外力磨损的能力称为表面强度。

（2）装置　砂芯表面强度试验仪；精度为0.1g的天平。

（3）试验方法　试验时，首先制备一个抗弯强度试样，并称其质量（精确至0.1g），再将此试样的一端固定在砂芯表面强度试验仪上，以120r/min的速度旋转，同时使直径为3mm的小钢球在其上方500mm高度处自由落下，撞击在抗弯强度试样的表面上。当质量为500g的小钢球全部落完后，仔细称量磨损后试样的质量。该质量与原试样质量的百分比，即为试样的表面强度。砂芯的表面强度也可用硬度计测定其表面的划痕硬度来表示。

4. 可使用时间

（1）定义　热芯盒砂的可使用时间是指其芯砂从混砂机中卸出后至仍能满意地射制砂芯的允许存放时间，用h表示。

（2）装置　SWY型液压万能强度试验仪；Z861型热芯盒试样射芯机；SHN-5型碾轮式混砂机；天平（感量为0.1g）等。

（3）试验方法　将刚混制好的芯砂，按上述工艺射制成一组抗拉强度试样（一般每组由3~5个试样组成），然后每隔一定时间射制一组抗拉强度试样，经硬化、冷却后，在液压万能强度试验仪上分别测定其强度。其强度下降20%时试样所经历的时间，即为可使用时间。

5. 吸湿性

（1）定义　热芯盒砂的吸湿性是指制成的砂芯从空气或水基铸型涂料中吸收水分的能力，可以试样吸收水分前、后的质量百分比，或吸收水分前、后强度下降的程度来表示。

（2）装置 干燥器、天平（感量为0.1g）；SWY型液压万能强度试验机；SAC型锤击式制样机等。

（3）试验方法 吸收水分法。试验时，先称量制备好的热芯盒抗拉强度试样的质量，然后将其放入盛有一点水的干燥器中放置24h，取出后称其质量。

（4）计算 吸湿性以X_{XS}（%）表示，计算公式如下：

$$X_{XS} = \frac{m_1 - m_2}{m_2} \times 100 \qquad (5\text{-}28)$$

式中 m_1——试样在干燥器中放置24h后的质量（g）；

m_2——试样放入干燥器前的质量（g）。

思 考 题

1. 稀释浓硫酸时，应注意些什么？

2. 发生化学灼伤时，应如何处理？

3. 酸度和酸的浓度是不是同一概念？为什么？

4. 选择酸碱指示剂的原则是什么？

5. 测定溶液闪点的方法有哪几种？

6. 在配位滴定中为什么常常需要使用缓冲溶液？

7. 用基准碳酸钠标定盐酸标准溶液，为什么要在接近终点时加热除去二氧化碳？

8. 如何减小随机误差？

9. 试述壳芯覆膜砂熔点的含义及其实际意义。

10. 简述热芯盒法树脂砂的强度测试过程。

11. 简述覆膜砂灼烧减量的试验测试过程。

第6章 涂料的性能检测

6.1 概述

铸造涂料是覆盖在型腔或砂芯表面的铸造辅助材料，一般由耐火填料、载体、黏结剂、悬浮稳定剂、其他助剂等材料组成。按浇注的金属可分为铸钢、铸铁和有色金属用涂料；按分散介质的类型可分为水基、醇基或其他有机溶剂基以及粉末涂料；按使用方法的不同又可分为刷、浸、喷、淋（流）等不同类型的涂料；按不同的耐火材料可将铸造涂料分为石墨粉铸造涂料、滑石粉铸造涂料、精制石英粉铸造涂料、高铝矾土铸造涂料、锆石粉铸造涂料、棕刚玉粉铸造涂料、镁橄榄石粉铸造涂料、镁砂粉铸造涂料及其他铸造涂料等。

通常，铸造涂料具有防止铸件粘砂、降低铸件表面粗糙度、加固砂型芯表面、起屏蔽或隔离作用（S、N及其他气体）、防止铸造缺陷（粘砂、脉纹、烧结、气孔和砂孔等）、改善铸件的表面性能和内部质量、调节铸件凝固温度场（焓变铸造涂料、保温铸造涂料）、减少铸件落砂和清理劳动量、节约工时等特定功能。同时，铸造涂料应具有能经受金属液高温的耐火性能，对砂型（芯）有良好的黏附性，在干燥时不易产生气泡、裂纹和起皮，具有良好的流变性、良好的悬浮稳定性、良好的存放性和良好的覆盖能力等特点。

铸造涂料明显能提高铸件的表面质量，且是一种能大幅度降低铸件清理工作量的有效办法。然而，涂层的成功应用不仅取决于涂料的正确选择，还取决于正确的配制和合理使用。因此，必须仔细检测涂料的有关工艺性能，规范涂料及涂层质量控制方法。

6.2 取样、制备与外观检查

取样、制备与外观检查可参照 JB/T 9226—2008《砂型铸造用涂料》进行。

6.2.1 容器中状态

检查桶的外观，记录桶的外观缺陷或可见的损漏。若损、漏严重，应予舍弃。开启包装桶时，应除去桶外包装及污物，小心地打开桶盖，不要搅动桶内产品。

（1）对流体（浆、膏）状涂料产品外观状态的检查

1）桶内搅拌前的目测检查。

① 稠度：记录产品是否有假稠、触变或胶凝现象。

注意：触变性和已经胶凝的物料都呈现胶冻状的稠度。但触变性物料通过搅拌或振摇，其稠度会明显地降低，而胶凝物料经搅拌后稠度不会发生明显的变化。

② 分层、杂质及沉淀物：检查是否存在分层情况，有无可见杂质和沉淀物、絮状物。

2）桶内搅拌后涂料状态检查。用搅动棒或手动搅拌器搅拌，允许容器底部有沉淀，若经搅拌易于混合，呈均匀状态，则评为"搅拌后均匀无硬块"。凝胶或有干硬沉淀不能均匀混合的产品，不能用来试验。

（2）对粉（粒）状涂料产品外观状态的检查　对粉（粒）状涂料产品，检查是否有反常的颜色、大或硬的结块和外来异物等不正常现象，并予记录。

6.2.2 取样

（1）装置　盛样容器和取样器械按照 GB/T 3186—2006《色漆、清漆和色漆与清漆用原材料　取样》执行。

（2）取样　浆状涂料、膏状涂料和粉（粒）状涂料都要按批验收，同一次配料所生产的产品作为一个批次。

浆状涂料取样时，应将涂料充分搅拌均匀，取样数量不少于 3 桶，将所取的样品混合均匀，提取检测用试样，质量不少于 1kg。

膏状涂料取样时，应将涂料充分混合均匀，提取检测用试样，质量不少于 1kg。

粉（粒）状涂料直接从袋中取样，取样数量不少于 3 袋，将所取的样品混合均匀后，采用"四分法"提取检测用试样，质量不少于 1kg。

6.2.3　试样制备

（1）装置　实验室用电动搅拌机，75mm×25mm玻璃片。

（2）试样制备　称量500g±1g涂料试样，如果涂料试样为膏状或粉（粒）状，将水或有机溶剂（按供需双方在协议中规定的比例）加入到涂料搅拌机的料桶中，在一定剪切速度的情况下（供方建议），分批加入膏状涂料或粉（粒）状涂料，待料加完后，膏状涂料搅拌的时间不少于20min，粉（粒）状涂料搅拌的时间不少于40min。

取少量稀释后的涂料均匀涂布于75mm×25mm的玻璃片上，目测检查涂层外观，若涂层中存在未稀释充分的涂料疙瘩、团聚颗粒和夹杂物等，则继续搅拌直到均匀为止，否则应予记录。

6.3　涂料的工艺性能检测

6.3.1　涂料密度

密度是指在规定的温度下，物体的单位体积的质量，常用单位为 g/cm^3 或 g/mL。密度是涂料配制和施涂过程中经常要控制和调节的重要指标之一，它能有效地反映在给定体积下，相对于载液是否有正确的耐火材料数量，这有利于保证涂料的工艺性能和工作性能。通常情况下，涂料供应商将根据涂料配方中的耐火材料成分和载液，对所提供涂料的密度范围进行规定。

（1）量筒法（JB/T 9226—2008）和比重瓶法（GB/T 6750—2007）

1）装置。量程为100mL、量入式具塞量筒（符合GB/T 12804—2011《实验室玻璃仪器　量筒》的规定）；100mL金属比重瓶（参考GB/T 6750—2007《色漆和清漆　密度的测定　比重瓶法》，见图6-1）；感量为0.01g的天平；精确为0.2℃、分度为0.2℃或更小的温度计；恒温室或水浴，能够调节并维持量具和待测试样处于规定温度；防尘罩。

图6-1　金属比重瓶

2）试验前温度调整。温度对密度的影响，与装填性能有非常显著的关系，并且随涂料的类型而改变。如无特别说明，试验温度默认为 23℃±2℃，如果在其他商定的温度下进行试验，需在商定温度下对量具的热胀冷缩引起的体积变化进行测量；如在恒温室中测量，则将放入防尘罩内的量具、涂料试样、天平放在恒温室内使它们处于规定的温度；如用恒温水浴，则将放入防尘罩内的量具、试样放入恒温水浴中使它们处于规定的温度，大约 30min 能使温度达到平衡。用温度计测试涂料试样的温度，确保试样在整个测试过程中保持在规定温度的范围内。

3）试验方法。称量量具并记录其质量 m_1，精确至 10mg。然后根据所选量具，按照下述要求注入被测试样：

① 量筒法。注入的涂料试样量能正好达到 100mL 标高处，记录此时量筒与被测涂料试样的质量 m_2（精确至 10mg）。

② 比重瓶法。将被测涂料试样注满比重瓶，塞住或盖上比重瓶，并擦去溢出试样，在确保比重瓶外部擦拭干净后，称量并记录此时比重瓶质量 m_2（精确至 10mg）。

进行 2 次测定，每次测定应重新取样。

4）计算。涂料密度 ρ 的计算公式如下：

$$\rho = \frac{m_2 - m_1}{100} \tag{6-1}$$

式中　ρ——涂料密度（g/cm^3）；

　　　m_1——空量具的质量（g）；

　　　m_2——在规定温度或商定温度下，装满涂料试样后量具的质量（g）。

（2）"泥浆密度计"法（参考方法）

1）装置。泥浆密度计的测量范围为 $0.96\sim3g/cm^3$，测量精度为 $0.01g/cm^3$，泥浆杯容量为 $140\ cm^3$，如图 6-2 所示。

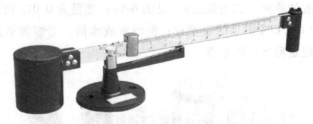

图 6-2　NB-1 型泥浆密度计

2）试验方法。仪器使用前，泥浆密度计内外、仪器的计量系统等必须擦拭干净，防止留有残余的涂料或水分。

将涂料注入泥浆杯内，齐平杯口，不可留有气泡。将泥浆杯盖轻轻盖上，使多余的泥浆和空气从杯盖中间的小孔中排出，再将溢出的泥浆擦拭干净。

将杠杆的主刀口放到底座的主刀垫上，缓慢移动砝码，当水准泡中的水泡移到中央时，杠杆呈水平状态，砝码左侧所示刻度即为泥浆的密度。

如果需要测试的涂料密度在 $2\sim3g/cm^3$ 范围，则将仪器附件重锤放入平衡圆柱内，即可测试。

（3）注意事项　量筒每隔 3 年按照 JJG 196—2006《常用玻璃量器检定规程》进行检定。

比重瓶每隔一段时间应进行校准，如大约测试了 100 次或发现比重瓶有变化时（见 GB/T 6750—2007 附录 A）。

NB-1 型泥浆密度计在使用前需由计量系统标定方可使用，一般情况下，平衡圆柱内的平衡铅是经过标定后确定的，不得随意拆卸仪器，更不可随意增、减平衡圆柱内的平衡铅。

为了使误差减至最小，物料必须是均匀的，制备过程中以及在向量具中倾倒物料时应尽量防止产生气泡，否则会造成所测密度结果偏低。

每次使用前后，量具和仪器都应用干净的布擦拭干净。

6.3.2　涂料波美度（参考方法）

对一种类型的涂料来说，涂料的密度和浓度间存在着一定的关系，涂料的浓度可以利用波美计进行测量，是涂料生产和施涂过程中通过涂料浓度控制涂层厚薄的一种直观的检测方法，因其操作简单、方便而广泛得以应用，用°Bé 作为符号。

波美度的测定结果与涂料密度、黏度（触变性）密切相关，并受搅拌后涂料静置时间、操作熟练程度、波美计本身制作差异等因素影响而存在较大的偏差。一些实例表明，波美试验结果的偏差可能导致误导性信息，影响铸件最终质量。因此，建议结合其他维度的测试结果进行佐证，或至少定期进行对比复核，比如涂料黏度、密度、质量固体分等。当把波美度测试作为质量控制手段时，一致的测试条件和方法对于减小测试偏差也至关重要。

（1）装置　量程为 $0\sim120°$Bé 的波美计；标称容量为 100mL 的玻璃量筒，如图 6-3 所示；秒表。

（2）试验方法　称量 500g±1g 待测涂料试样，充分搅拌均匀。然后将待测的试样倒入 100mL 玻璃量筒中，倒试样时注意避免混入空气。擦干波美计，将波美计垂直、缓慢地放入涂料试样液面上，靠波美计的自重缓缓下沉，待波美计下沉达到平衡位置时，试样液面在波美计上的标定数值即为该涂料的波美度。

（3）注意事项　波美度常用来评估涂料浓度，有时也作为涂料性能指标作为质量控制手段，但应谨慎使用。因在大多数情况下，涂料为非牛顿型的触变性

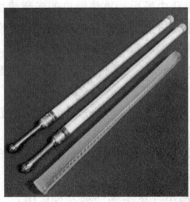

图 6-3　波美计和玻璃量筒

流体，波美计的读数会因涂料搅拌程度的不同、黏度的变化而发生变化。因此，应尽可能在一致的外部条件下进行测量，比如搅拌速度、时间和静置时间，以及在测量时，涂料是否均匀，是否存在气泡，是否处在相同的温度条件下等。

如果测量过程中，波美计在短时间无法达到下沉平衡位置，或者进行平行对比测试需要，也可以在约定的下沉时间后（一般为 1min）读取波美计上的标定数值作为该试样的波美度，但记录中必须注明试验条件。

若波美计在松手后快速下沉，或者静止不动，亦或发现涂料装填高度不够，波美计已经接触到容器底部，均需重新检测。

6.3.3　涂料固体分

涂料固体分又称不挥发物含量，是指涂料在一定温度下经加热烘焙后得到的剩余物的质量分数。涂料固体分的高低与形成的涂层质量和涂料使用价值有直接关系，是一项非常重要的涂料性能指标。其测定可参照 GB/T 1725—2007《色漆、清漆和塑料　不挥发物含量的测定》进行。

（1）装置　精度为 ±2℃ 的鼓风恒温烘箱（空气干燥箱），能保持规定或商定的温度至 ±2℃（对于最高温度为 150℃）或 ±3.5℃（对于温度在 150℃ 以上和最高为 200℃）范围内；感量为 0.1mg 的分析天平；干燥器；平底玻璃表面皿（直径为 75mm±5mm，边缘高度至少为 5mm，若采用不同直径的玻璃表面皿，则商定的玻璃表面皿的直径应在规定值的 ±5% 范围内）。

（2）试验方法　对平底玻璃表面皿进行除油和清洗。在规定或商定的温度下将玻璃表面皿干燥规定或商定的时间，然后放置在干燥器中直至使用。

称量洁净干燥的玻璃表面皿的质量（m_0），称取待测样品（m_1）大约 10g 至玻璃表面皿中（全部称量精确至 1mg）。

将试样涂布均匀。待测样品是否完全铺平及铺平的时间对不挥发物含量影响很大，如果待测样品的黏度很大，将会由于未完全铺平而出现测得值增大的现象，此时可在铺平时适当加入少量载液。

对于易挥发性的醇基涂料，可将充分混匀的样品放入可称量的不带针头的10mL注射器中，采用减量法进行称量。

将盛装样品的器皿转移到107℃±3℃干燥箱中干燥2h，直至恒重。加热结束后，将玻璃表面皿转移到干燥器中使其冷却至室温。称量玻璃表面皿和剩余物的质量（m_2），精确至1mg。

（3）计算　不挥发物含量w（质量分数，%）的计算公式如下：

$$w = \frac{m_2 - m_0}{m_1 - m_0} \times 100 \tag{6-2}$$

式中　m_0——空玻璃表面皿的质量（g）；

　　　m_1——玻璃表面皿和试样的质量（g）；

　　　m_2——玻璃表面皿和剩余物的质量（g）。

计算2个有效结果的平均值，报告其试验结果，精确至0.1%。如果2个结果（2次测定）之差大于2%（相对于平均值），则需要按照上述步骤重做试验。

（4）注意事项　需要注意的是，涂料固体分不是一个绝对值，取决于测定时采用的加热温度和时间，同时还需要考虑溶剂的滞留、热分解和低分子量组分的挥发，因而所得到的固体分是相对值，所以主要用于同类产品不同批次的测定对比。

试验中应注意以下可能对试验结果造成影响的因素：

1）称量过程中，低沸点有机溶液的快速挥发以及样品称量读数偏差。

2）样品在加热烘焙过程中，由于待测样品堆积太厚，载液无法充分蒸发而滞留。

3）称量前，待测样品未充分搅拌均匀。

6.3.4　涂料黏度与流变性

涂料黏度又称涂料的稠度，这项指标主要控制涂料的稠度是否合乎使用要求，是在涂料的研制、生产、施工过程中经常需要控制和调节的重要指标之一。

黏度是流体在外力作用下流动和变形时，抗拒流动内部阻力的量度，也称为内摩擦力系数，以对流体施加的外力（压力、重力、剪切力）与产生流动速度梯度的比值表示，通常称为动力黏度，在国际单位制中，单位为Pa·s，与常用单位P/cP的关系为1P=0.1Pa·s，1cP=1mPa·s。

涂料黏度的测试方法有多种，可根据涂料的流动特性、测试目的、使用场所及操作便利性等进行选择。现代铸造涂料中的大多数涂料黏度都受它的剪切过程、温度、pH值等的影响。因此，当今测定涂料黏度的方法有流杯法和旋转黏度计法，但旋转黏度计法测试复杂，影响结果因素多，使用不便，尤其是在涂料配制过程中随时调整黏度，不可能每次都因调整而测定其黏度，反而使测定结果对生产控制意义不大。生产现场经常采用的还是流杯法。该方法简单、灵活，可较方便地用于控制涂料的性能。为了让流杯法测量准确，所有的测量必须使待测涂料在标准温度下，用一定的搅拌速度进行搅拌，再停置一定时间后进行。这样可避免剪切变稀的涂料得出错误的读数。

（1）标准流杯法（条件黏度）（参考 JB/T 4007—2018、GB/T 6753.4—1998） 条件黏度沿用于 2014 年公布的建筑学名词，是采用某种特制黏度计测定的、反映流体黏性的物理量。它利用一定量的试样在自身重力作用下，在一定温度下从规定直径的孔径所流出的时间来描述，结果以 s 表示。其在涂料行业中使用最为广泛，具有经济实用且操作方便的特点，适用于具有牛顿型或近似牛顿型的液体涂料，比如低黏度或稀释后的涂料。

1）装置。体积为 100mL 的标准流杯，流出孔尺寸为 $\phi6mm\pm0.02mm$，适合测定流出时间在 20~100s 的产品，具体尺寸如图 6-4 所示。材料可用 H62 黄铜、1Cr18Ni9Ti 或碳素钢镀铬等。

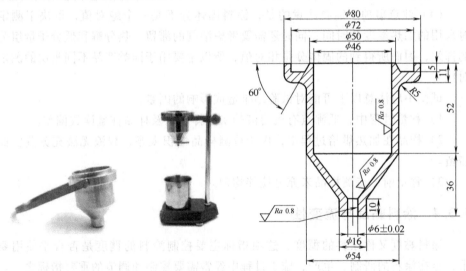

图 6-4　标准流杯

用于托住流杯，并装有调节水平螺钉的支架；气泡水平仪；平玻璃板或直边刮板；秒表或其他分度为 0.2s 或更精确的计时器，当测试时间在 60min 以内时，精度应为 0.1%；控温室或控温箱，能使流杯和试样保持在规定或推荐的恒定温度（注：如果流杯具有控温夹套，就不需要控温室或控温箱）。

2）试验方法。

① 温度条件。温度对黏度的影响非常明显，并且随涂料产品的类型而改变。

在进行黏度检测之前，应将试样和流杯调节至规定或商定的温度，并且保证测试期间温度变化不超过 0.5℃。若无特别说明，样品温度应控制在 23℃±0.5℃。

② 试样准备与预备测试。试样测试前应充分搅拌均匀，必要时可用孔径为 246μm 的金属筛过滤。

为判断试样是否适应采用标准流杯测试，可先按流杯的规定方法测定流出时间，从装满流杯至松开手指的时间不得超过 5s；再一次测定，但这次测定时，试样应在流量杯中停留 60s 再松开手指。如果 2 次测定值之差小于平均值的 10%，则试样适宜使用标准流量杯法来测定黏度，否则使用旋转式黏度计进行测试。

③ 流出时间的测定。将清洁、干燥的标准流杯放在流杯架上，用气泡水平仪将标准流杯上沿调水平。

用一手指堵住流出孔，将试样慢慢地倒入流杯，以避免产生气泡。若有气泡形成，则使其浮至表面，然后除去。待流杯装满涂料产生凸面并向外溢出时，用直边刮板沿流杯上边缘平刮，或者用边缘圆滑的平板玻璃板滑过整个边缘来除去所形成的半月面。水平地将玻璃板拉过流杯的边缘，使试样水平面与流杯上边缘处于同一水平位置，即可进行测定。

将一适当容器，如 150mL 的烧杯，放在流杯的流出孔下，与流出孔间隔至少保持 100mm 以上，迅速移开手指，同时开启秒表或计时器，待流出孔处的流束首次中断时就瞬间停止计时器，记录流出时间，精确至 0.5s。

④ 结果表述。同一种涂料试样至少平行测定 2~3 次，取其平均值。各读数的误差不得超过平均值的 5%。

3）注意事项。流杯每次测定后要选相应溶剂及时清洁，防止小孔被堵。随着小孔的磨损，流杯需要定期检定。

流杯的尺寸不仅会因所选制造商不同而存在偏差，在实际使用过程中，同一家制造商的产品，批次之间也会存在差异。因此，流杯法不建议作为涂料供应商与涂料用户之间进行验收测试的手段，除非进行了充分的控制，确保不同杯以及不同操作者间进行了适当的比较。

（2）旋转黏度计法　对牛顿型流体来说，黏度是一个恒定值，不随剪切速率变化而变化。非牛顿流体的黏度值则随剪切速率的变化而发生改变，没有绝对值，而是其触变性、剪切稀释作用、塑性黏度、结构黏度以及密度等方面的综合反映。

对非牛顿型流动的涂料，特别是具有触变结构的高稠度、高固体分的原浆涂料，流杯法并不实用，且不能测定涂料流变性能。因此，高稠度、高固体分的原浆涂料或非牛顿型流体的流变特性研究，一般采用旋转黏度计。它在黏度的测量上导入了剪切速率和时间两个参数，能够对非牛顿流体的黏度变化进行相应的测量。旋转式黏度计是测试动力学黏度的黏度计，主要分为桨式、椎板式（转子为旋转圆锥，定子为固定平板）和同心圆筒式（转子为不锈钢旋转内筒，定子为固定在转子外的同轴不锈钢外筒）等类型。被测涂料样品则处于定子和转子之间，在设定速度的转子的转动下，带动试样转动，即可由受剪切液体的阻力测得涂料的动力学黏度。为了与常数值的牛顿流体黏度相区别，对于非牛顿流体，在特定转子、转速下测定的黏度值称为表观黏度，这种黏度测定也称为"相对测定"，单位为 P 或 cP。

表观黏度又叫有效黏度或视在黏度，是对流体在各种流动状态下稠度的度量，也是研究流体流变性所必需的基本量值，并根据其变化特性，可分为剪切变稀流体、剪切变稠流体以及带屈服应力的流体。其中，以有剪切变稀特性的流体居多，涂料就是一种典型的剪切变稀流体。为了控制涂料的流动性质，应明确指出测定表观黏度时所用的剪切速率以及涂料在测定前所处的状态，不说明这些，测得的表观黏度是没有意义的。

旋转黏度计除了能测定试样的动力学黏度，还可以通过测量绘制在恒定剪切速率下试样随时间变化而变化的黏度曲线、随剪切速率变化而变化的黏度曲线以及随剪切应力变化而变化的剪切速率曲线等来研究非牛顿型涂料的流变特性（即流动和形变的性质，包括黏度、触变性、屈服值和流动曲线等）。

目前旋转黏度计发展很快，种类较多，比如从旋转部件形状来分，有同轴圆筒式、桨式、转盘式、椎板式等；从使用范围来分，有低剪切速率和高剪切速率的；从测试技术来分，有可控剪切应力和可控剪切速率的。其生产制造商也很多，比如较为著名的厂家有美国的 Brookfield、Rheometric Scientific，英国的 Weisenberg、CARRI-MED，德国的 BRABENDER、HAAKE，瑞典的 BOHLIN，日本的 TOKYO KEIKI 等。对于一般涂料的质量控制，最为实用且具有普及性的是美国的布鲁克菲尔德（Brookfiled）表盘式单圆筒黏度计，国产 NDJ-1 和 NDJ-4 等黏度计都属于此类。

1）工作原理。表盘式单圆筒旋转黏度计借用同步电动机以稳定的速度旋转，连接刻度圆盘，再通过游丝和转轴带动转子旋转（见图6-5）。如果转子未受到液体的阻力，则游丝、指针与刻度圆盘同速旋转，指针在刻度盘上的读数为"0"。反之，如果转子受到液体的黏滞阻力，则游丝产生扭矩，与黏滞阻力抗衡最后

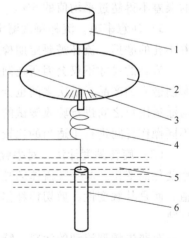

图 6-5　表盘式单圆筒旋转黏度计工作原理

1—同步电动机　2—刻度圆盘　3—指针
4—游丝　5—被测液体　6—转子

达到平衡，这时与游丝连接的指针在刻度圆盘上指示一定的读数（即游丝的扭转角）。将读数乘上特定的系数即可得到液体的黏度。由于该类黏度计配备 4 个不同量程的转子（1#~4#或 61#~64#），还具有 4~8 个转速档，因此可通过测量在涂料中以恒定速率旋转的转子的扭矩来确定表观黏度，还可通过一系列规定的速率在涂料的"无限"维度中操作以确定涂料的剪切变稀和触变（时间依赖性）流变性能。

2）装置。NDJ-1 型黏度计（见图 6-6）；恒温浴（能保持在规定测定温度的±0.5℃，如果需要在较高温度下测定，建议在转子和仪器之间安装连接杆）；分度值为 0.1℃ 的温度计；低型烧杯或盛样器（规格尺寸为标称容量 600m、外径 90.0mm、全高 125.0mm± 3.0mm、最小壁厚 1.3mm）。

3）表观黏度的测定（GB/T 2794—2022）。涂料经高速搅拌机充分搅拌后，取 500mL 具有代表性的涂料样品于低型烧杯或盛样器内。

图 6-6　NDJ-1 型黏度计

操作过程应确保不引入气泡，如有必要，用抽真空或其他的合适方法消除气泡。例如，对于样品的易挥发或吸湿等，在恒温过程中要密封烧杯或盛样器。

将准备好样品的烧杯或盛样器放入恒温浴中，确保待测样品达到规定的温度，若无特别说明，样品温度应控制在 23℃±0.5℃。将黏度计置于稳定的台面上，并通过旋转底部的 3 个螺脚，使顶端水平仪中的气泡居于中央。

根据待测涂料的黏度范围，选择合适的转子及转速，使读数介于最大量程的 20%~90%（原则上高黏度的液体选用小转子，低黏度的液体选用大转子），并通过连接螺杆安装到黏度计上。

然后逐渐降低黏度计直到转子上的浸没标记与待测涂料液面相平，并在水平平面上缓慢地移动容器直至转子位置接近容器的中央，且绕转子做圆周运动，确保转子浸没部分完全被涂料所润湿。

起动电动机，待转子在涂料液体中旋转 1min 之后，需通过按下指针控制杆使指针停在读数窗口内读数，并按式（6-3）计算所测涂料的黏度。

$$\eta = K\alpha \tag{6-3}$$

式中　η——所测涂料的黏度（cP·s）；

　　　K——所选转子与转速对应的系数（设备厂家提供）；

　　　α——指针读数，读取最接近的 1 单位。

停止电动机，等转子停止后再次起动电动机做第 2 次测定，直到连续 2 次测定数值相对平均值的偏差不大于 3%，结果取 2 次测定值的平均值。

测定完毕，将转子从仪器上拆下，用合适的溶剂小心清洗干净，拭干后放回盒内。

4) 流变特性的测试（参考方法）。

① 剪切稀释比的测定。测试前先将涂料试样的温度保持在 23℃±0.5℃ 的恒温水浴中，或其他协商一致的温度。

将旋转黏度计放置在调整平台上。调整黏度计高度，使转子能够浸没到预定的深度。调整仪器的水平。选用 3# 或 4# 转子，然后选择从最低的旋速 6r/min 开始，转子旋转并在 30s 后（或其他协商一致的时间）记录读数，接着逐步地增加旋转速度，分别相应地测出 12r/min、30r/min、60r/min 时的读数（读数均在 30s 时进行或其他协商一致的时间）。

黏度计转速为 6r/min 时的表观黏度（η_{A6}）与 60r/min 时的表观黏度（η_{A60}）的比值，称为剪切稀释比，记作 M。

$$M = \frac{\eta_{A6}}{\eta_{A60}} \tag{6-4}$$

通常情况下，M 值可作为涂料涂刷性好坏的评判指标，M 值越高，表明剪切稀释作用越强，涂刷性也越好。实际使用证明（包括编者的测试结果），剪切稀释比的大小与涂刷性的优劣是相符的。M 的范围通常在 2~10，并以 4~6 为佳。

② 触变率的测定（参考方法）。把涂料在 NDJ-1 型旋转黏度计转子固定在相对剪切速率（30r/min）下，剪切时间为 10min 时的表观黏度（η_{A10}）比剪切时间为 0.5min 时的表观黏度（$\eta_{A0.5}$）下降的百分率，定为它的触变率，计算公式如下：

$$触变率 = \frac{\eta_{A0.5} - \eta_{A10}}{\eta_{A0.5}} \times 100 \tag{6-5}$$

为计算评价简便起见，将百分符号除去，并约去黏度计 K 值在 0.5min 和 10min 时的读数（$\tau_{A0.5}$、τ_{A10}）来计算，触变率 N 的公式如下：

$$N = \frac{\tau_{A0.5} - \tau_{A10}}{\tau_{A0.5}} \times 100 \tag{6-6}$$

N 值越大，触变性越高，涂料的触变率不可能达到 100，但可出现负值。

5) 注意事项。仪器的性能指标必须满足国家计量检定规程度要求。使用中的仪器要进行周期检定，必要时（仪器使用频繁或处于合格临界状态）要进行中间自查以确定其计量性能合格、系数误差在允许范围内，否则无法获得准确数据。

应特别注意被测涂料的温度，这点往往被忽视，认为温度差一点儿无所谓，但试验证明：当温度偏差 0.5℃ 时，有些液体黏度值偏差超过 5%，温度偏差对黏度影响很大，温度升高，黏度下降。所以要特别注意将被测涂料的温度恒定在规定的温度点附近，精确测量最好不要超过 0.1℃。

正确选择转子或调整转速，使示值在 20~90 格之间。该类仪器采用刻度盘加指针的方式读数，其稳定性及读数偏差综合在一起有 0.5 格，如果读数偏小，如 5 格附近，引起的相对误差将在 10% 以上，如果选择合适的转子或转速使读数在 50 格，那么其相对误差可降低到 1%。如果示值在 90 格以上，使游丝产生的扭矩过大，则容易产生蠕变，损伤游丝，所以一定要正确选择转子和转速。

频率修正。对于国产仪器，名义频率在 50Hz，而我国目前的供电频率也是 50Hz，用频率计测试变动性小于 0.5%，所以一般测量不需要频率修正。但对于国外进口的有些仪器，名义频率在 60Hz，必须进行频率修正，否则会产生 20% 的误差。实际黏度按照式（6-7）进行修正计算。

$$实际黏度 = 指示黏度 \times \frac{名义频率}{实际频率} \tag{6-7}$$

转子浸入涂料的深度受气泡的影响。旋转黏度计对转子浸入涂料的深度有严格要求，必须按照说明书要求操作。在转子浸入涂料的过程中往往带有气泡，转子旋转一段时间后，大部分会上浮消失，附在转子下部的气泡有时无法消除，气泡的存在会给测量数据带来较大的偏差，所以倾斜缓慢地浸入转子是一个有效的方法。

转子的清洗与装卸。测量用的转子要清洁无污物，一般要在测量后及时清洗，特别是在测涂料之后。要注意清洗的方法，千万不要用金属刀具等硬刮，因为转子表面有严重的刮痕时会带来测量的偏差。旋转黏度计需改变转速时，可直接调旋钮或按键，无须关闭电动机。若更换转子，则必须将电动机关闭。装拆转子时，应将连接螺杆微微抬起，避免损坏耦合器，同时也不要用力过大，使转子横向受力，以免转子弯曲偏心。

其他需注意，大部分仪器需要调整水平，应在更换转子和调节转子高度后以及测量过程中随时注意水平问题，否则会引起读数偏差甚至无法读数。有些仪器需要装保护架，仔细阅读说明书按规定安装，否则会引起读数偏差。对非牛顿流体，应经过选择后规定转子、转速和旋转时间，以免误解为仪器不准。

6.3.5　悬浮性

涂料的悬浮性是控制涂料质量的重要指标之一，是指涂料搅匀后抵抗固体耐火粉料分层和沉淀的性能。涂料应尽可能呈悬浮状态，其涂料性能才能均一稳定，直接影响涂料的涂挂能力、涂刷操作和涂层的均匀性。涂料悬浮性亦是涂料流变性能的重要参数，一般具有好的悬浮性的涂料均具有屈服值和触变性。

涂料悬浮性的测定通常有量筒法和沉降柱法两种。

（1）装置　试验室用电动搅拌机；刻度为 0～100mL、ϕ30mm 的具塞量筒；开口间距为 60mm、ϕ30mm×465mm 的沉降柱（见图 6-7）。

（2）试验方法

1）量筒测定法（JB/T 9226—2008）。把按规定制备的涂料试样经电动搅拌机充分搅拌均匀后倒入量筒中，使其达到 100mL 标高处，在静止状态，水基涂料放置 6h 和 24h，有机溶剂涂料放置 2h 和 24h，测量澄清层体积。

悬浮率以 C（体积分数，%）表示，计算公式如下：

$$C = \frac{100\text{mL} - V}{100\text{mL}} \times 100 \qquad (6\text{-}8)$$

式中　V——量筒中涂料柱上部澄清层的体积（mL）。

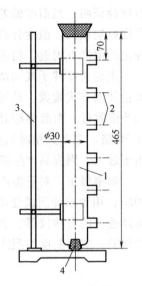

图 6-7　沉降柱
1—玻璃沉降柱　2—分层开口
3—支架　4—橡胶塞

量筒测定法的最大优点是操作方便易行，读数比较精确。国外商品涂料的悬浮性也大多由此法测定。虽然此法无法判断静置涂料浑浊层中颗粒的沉浮情况，事实上因涂料耐火粉料与载液之间存在着密度差，在静置存放中不可避免要发生沉降，而涂料的悬浮性在本质上是它在静置沉降后的再分散性，静置后涂料浑浊层中颗粒的沉降情况如何，并不重要。重要的是在不同的静置时间下涂料沉降了多少，也就是相对沉降高度是多少。

为比较不同涂料即时悬浮性和较长时间的悬浮性，还应记录涂料开始分层的时间，以及 2h、4h、8h、16h、24h 和 72h 后的悬浮性和半个月、1 个月、3 个月及半年后涂料的板结情况。

2）沉降柱测定法（参考方法）。把按规定制备的涂料试样经电动搅拌机充分搅拌均匀后倒入沉降柱中，在静止状态下，水基涂料试样停放 6h，有机溶剂涂料试样停放 2h，从分层处的上下两开口分别放出上段试样和下段试样，测得两段试样的密度，再计算出其分层系数。

试样的沉降分层系数以 $K_p[1/(\text{cm}\cdot\text{h})]$ 表示，计算公式如下：

$$K_p = \frac{\Delta\rho}{\rho h t} \qquad (6\text{-}9)$$

式中　$\Delta\rho$——两层试样之间的密度差（g/cm³）；
　　　ρ——试样的原始密度（g/cm³）；
　　　h——两个开口之间的距离（cm）；
　　　t——试样在沉降柱中静置时间（h）。

从式（6-9）可以看出，由于分母是一定数，随 $\Delta\rho$ 的增大，其 K_p 值增大，表明试样的悬浮性稳定度越差。事实上，这种方法的缺点在于从侧口引流困难，因为涂料有屈服值，没有外力很难自动流出。另外，由于静置后的涂料在高度上的密度分布不一定成直线变化，所以很难肯定哪两层高度的涂料是测量密度的基准，因此用此法测定的数据没有代表性的意义。

（3）注意事项　装填料时，如果涂料黏度较大，可借助裱花袋，尽量避免在标高 100mL 以上涂敷上涂料，影响涂料液面的准确读数。装填完之后，适当摇晃容器，使涂料在 100mL 标高处形成一个平整液面。

静置过程中，必须使用具塞量筒，以防止溶液挥发造成偏差。

6.3.6　涂料流挂性

流挂是指液体涂料涂刷在砂型（芯）垂直面上，受重力影响，在湿膜未干燥前，部分湿膜的表面向下流坠，形成上部变薄，下部变厚，甚至有的会在砂型（芯）底部形成流痕、堆积的现象。产生流挂是由于涂料的流动特性不适宜或涂层过厚。因此，在涂料设计过程中往往通过加入适量的流变/触变剂，使涂料在外力剪切下黏度下降、容易施工，一旦形成湿膜，外力消失，涂料本身又能很快恢复触变黏度，使湿膜不会产生流挂。其次，涂料的流挂速度与其黏度成反比，在涂料施工过程中，根据所需建立的涂层厚度，调制成合适的黏度的涂料也有利于避免流挂的产生。总之，在涂料的生产中，如何控制涂料的抗流挂性，是涂料的一项重要测定指标，对指导正确的涂料施工有着重要的意义。涂料流挂性的测定可参照 GB/T 9264—2012《色漆和清漆　抗流挂性评定》进行。

（1）装置　流挂试验仪由 3 个多凹槽刮涂器（测试范围分别为 $50\sim275\mu m$、$250\sim475\mu m$、$450\sim675\mu m$）及底座组成。每个刮涂器均能将待试涂料刮涂成 10 条不同厚度的平行湿膜。每条湿膜宽度为 6mm，条膜之间的距离为 1.5mm，相邻条膜间的厚度差值为 $25\mu m$。底座为带有刮涂导边和玻璃试板挡块的表面平整的钢质构件；200mm×120mm×（2～3）mm 表面平整光滑的玻璃板（应符合 GB 11614—2009 要求）或其他商定的试板。

（2）试验方法　将试验仪的底座放在一平台上，再将干燥洁净的试板放在底座的适宜位置上。将刮涂器置于试板板面的顶端，刻度面朝向操作者。

将涂料样品调节至涂敷时的黏度，并充分搅匀后，将足够量的样品放在刮涂器前面的开口处。两手握住刮涂器两端，使其一端始终与导边紧密接触，平稳、连续地从上到下进行刮拉，同时应保持平直而无起伏。在 2～3s 完成这一操作。

应将刮完涂膜的试板立即垂直放置。放置时应使条膜呈横向且保持"上薄下厚"。待涂膜表干后，观察其流挂情况。该条厚度涂膜不流到下一个厚度条膜内时，即为该厚度的涂膜不流挂 [示例见图 6-8，其中 1~5 条涂膜为不流挂，以第 5 条湿膜厚度（350~375μm）计为不流挂读数]。涂膜两端各 20mm 内的区域不计。

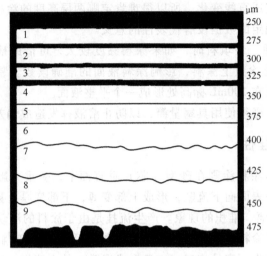

图 6-8　不流挂的示意

（3）结果表示　同一试样以 3 块样板进行平行试验。试验结果以不少于 2 块样板测得的涂膜不流挂的最大湿膜厚度一致来表示（以 μm 计）。

（4）注意事项　测定过程中，应考虑温度对涂料黏度的影响，尽量模拟涂料施工现场环境。

测定涂料流挂性的试验是在玻璃板上进行的，未考虑砂型（芯）是多孔隙这一因素，因而其测定结果与实际条件有一定的距离。实际测试证明（包括编者的测试结果），通过该方法测定不流挂的涂料，在砂型（芯）上涂敷时一般都不会流挂。但测定在某一个厚度流挂的涂料，在砂型（芯）上涂敷时有可能不会流挂，这主要由涂料载液在砂型（芯）多孔结构上的渗透和挥发速度决定。涂料载体渗透和挥发速度越快，流挂的可能性越小，否则就越大。

流挂试验仪、试板应保持洁净、干燥。多凹槽刮涂器要注意保管，如发现凹槽受损应及时更换，并定期校验。

6.3.7　pH 值

pH 值可用来表示涂料的酸碱性，涂料呈中性时其 pH 值为 7。通常涂料 pH 值在 4~11 范围内变动，且较常采用碱性的涂料（pH = 8~10）。pH 值作为涂料性能的一项指标，在使用与贮存期间可用作监测涂料性能有无变化的一种评判方法，故 pH 值是涂料的质量指标，也是生产与使用涂料过程控制指标。涂料的

pH 值也需要与砂型（芯）使用黏结剂的酸碱度相匹配。

（1）酸度计法（GB/T 6920—1986）

1）原理。pH 值由测量电池的电动势而得。该电池通常由饱和甘汞电极作为参比电极，玻璃电极作为指示电极。在 25℃，溶液中每变化 1 个 pH 单位，电位差改变 59.16mV，据此在仪器上直接以 pH 的读数表示。温度差异在仪器上有补偿装置。

2）装置。酸度计或离子浓度计；常规检验使用的仪器，至少应当精确至 0.1pH 单位，pH 范围为 0~14；玻璃电极与甘汞电极。

3）标准缓冲溶液。测量 pH 时，按照涂料呈酸性、中性和碱性 3 种可能，常配置以下 3 种标准溶液。

① pH 值为 4.03 的标准缓冲溶液（25℃）：称取在 115℃下烘干 2h 的邻苯二甲酸氢钾（优级纯）11.21g，溶于不含二氧化碳的去离子水中，在容量瓶中稀释至 1000mL，混匀，贮存于塑料瓶中（也可用市售袋装标准缓冲溶液试剂，用水溶解，按规定稀释制备）。

② pH 值为 6.864 的标准缓冲溶液（25℃）：称取在 45℃下烘干的磷酸二氢钾（优级纯）3.39g 和磷酸氢二钠（优级纯）8.96g，溶于不含二氧化碳的去离子水中，在容量瓶中稀释至 1000mL，混匀，贮存于塑料瓶中。

③ pH 值为 9.182 的标准缓冲溶液（25℃）：为了使晶体具有一定的组成，应称取与饱和溴化钠（或氯化钠加蔗糖）溶液（室温）共同放置在干燥器中平衡两昼夜的硼砂（优级纯）3.80g，溶于水并在容量瓶中稀释至 1000mL，混匀，贮存于塑料瓶中。

当被测涂料 pH 值过高或过低时，应参考表 6-1 配制与其 pH 值相近的标准溶液。

表 6-1 pH 标准溶液的制备

标准溶液中溶质的质量摩尔浓度	pH 值(25℃)	每 1000mL 25℃水溶液所需药品质量
基本标准 酒石酸氢钾(25℃饱和)	3.557	6.4g $KHC_4H_4O_6$①
0.05mol/kg 柠檬酸二氢钾	3.776	11.4g $KH_2C_6H_5O_7$
0.05mol/kg 邻苯二甲酸氢钾	4.008	10.12g $KHC_8H_4O_4$
0.025mol/kg 磷酸二氢钾 + 0.025mol/kg 磷酸氢二钠	6.865	3.388g KH_2PO_4 + 3.533g $Na_2HPO_4$②③
0.008695mol/kg 磷酸二氢钾 + 0.03043mol/kg 磷酸氢二钠	7.413	1.179g KH_2PO_4 + 4.302g $Na_2HPO_4$②③
0.01mol/kg 硼酸	9.180	3.80g $Na_2B_4O_7 \cdot 10H_2O$③

（续）

标准溶液中溶质的质量摩尔浓度	pH 值（25℃）	每 1000mL 25℃水溶液所需药品质量
0.025mol/kg 碳酸氢钠+ 0.025mol/kg 碳酸钠	10.012	2.092g $NaHCO_3$+ 2.640g Na_2CO_3
辅助标准 0.05mol/kg 四草酸钾	1.679	12.61g $KH_3C_4O_8 \cdot 10H_2O$④
氢氧化钙（25℃饱和）	12.454	1.5g $Ca(OH)_2$①

① 大约溶解度。

② 在 110~130℃烘 2~3h。

③ 必须用新煮沸并冷却的蒸馏水（不含二氧化碳）配制。

④ 别名草酸三氢钾，使用前在 54℃±3℃干燥 4~5h。

4）标准溶液的保存。标准溶液要在聚乙烯瓶或硬质玻璃瓶中密闭保存；在室温条件下标准溶液一般以保存 1~2 个月为宜，当发现有浑浊、发霉或沉淀现象时，不能继续使用。

在 4℃冰箱内存放，且用过的标准溶液不允许再倒回去，这样可延长使用期限。

标准溶液的 pH 值随温度变化而稍有差异。一些常用标准溶液的 pH（S）值见表 6-2。

表 6-2 五种标准溶液的 pH（S）值

t/℃	pH(S)值				
	A	B	C	D	E
0		4.003	6.984	7.534	9.464
5		3.999	6.951	7.500	9.395
10		3.998	6.923	7.472	9.332
15		3.999	6.900	7.448	9.276
20		4.002	6.881	7.429	9.225
25	3.557	4.008	6.886	7.413	9.180
30	3.552	4.015	6.853	7.400	9.139
35	3.549	4.024	6.844	7.389	9.102
38	3.548	4.030	6.840	7.384	9.081
40	3.547	4.035	6.838	7.380	9.068
45	3.547	4.047	6.834	7.373	9.038
50	3.549	4.060	6.833	7.367	9.011
55	3.554	4.075	6.834		8.985
60	3.560	4.091	6.836		8.962

（续）

t/℃	pH(S)值				
	A	B	C	D	E
70	3.580	4.126	6.845		8.921
80	3.609	4.164	6.859		8.885
90	3.650	4.205	6.877		8.850
95	3.674	4.227	6.886		8.833

注：标准溶液 A 为酒石酸氢钾（25℃饱和）；标准溶液 B 为邻苯二甲酸氢钾（0.05mol/kg）；标准溶液 C 为磷酸二氢钾（0.025mol/kg）+磷酸氢二钠（0.025mol/kg）；标准溶液 D 为磷酸二氢钾（0.008695mol/kg）+磷酸氢二钠（0.03043mol/kg）；标准溶液 E 为硼酸（0.01mol/kg）。溶剂为水。

5）样品保存。最好现场取样后立即测定。否则，应在采样后把按照 6.2.3 节配置好的涂料样品保持在 0~4℃，并在采样后 6h 之内进行测定。

6）试验方法。

① 仪器校准。操作程序按仪器使用说明书进行。先将待测涂料与标准溶液调到同一温度，记录测定温度，并将仪器温度补偿旋钮调至该温度上。

用标准溶液校正仪器，该标准溶液与被测涂料 pH 值相差不超过 2 pH 单位。从标准溶液中取出电极，彻底冲洗并用滤纸吸干。再将电极浸入第 2 个标准溶液中，其 pH 值大约与第 1 个标准溶液相差 3 pH 单位，如果仪器响应的示值与第 2 个标准溶液的 pH 值之差大于 0.1 pH 单位，就要检查仪器、电极或标准溶液是否存在问题。当三者均正常时，方可用于测定样品。

② 样品测定。测定样品时，先用蒸馏水认真冲洗电极，然后将电极浸入涂料样品中，小心摇动或进行搅拌使其均匀，静置，待读数稳定时记下 pH 值。

每测 1 个试样，就要用水将玻璃电极洗干净，并用滤纸将电极上的水吸干，再进行第 2 个试样的测试。

7）注意事项。玻璃电极在使用前先放入蒸馏水中浸泡 24h 以上。

测定 pH 时，玻璃电极的球泡应全部浸入涂料中，并使其稍高于甘汞电极的陶瓷芯端，以免搅拌时碰坏。

必须注意玻璃电极的内电极与球泡之间、甘汞电极的内电极和陶瓷芯之间不得有气泡，以防断路。

甘汞电极中的饱和氯化钾溶液的液面必须高出汞体，在室温下应有少许氯化钾晶体存在，以保证氯化钾溶液的饱和，但须注意氯化钾晶体不可过多，以防堵塞与被测溶液的通路。

玻璃电极表面受到污染时，须进行处理。如果吸附着无机盐结垢，可用温稀盐酸溶解；对钙、镁等难溶性结垢，可用 EDTA 二钠溶液溶解；沾有油污时，可用丙酮清洗。电极按上述方法处理后，应在蒸馏水中浸泡一昼夜再使用。注意忌用无水乙醇、脱水性洗涤剂处理电极。

(2) 试纸法测定酸度（HB 5351.5—2004）

1) 材料。广泛 pH 试纸，pH 值范围为 1~14；各种测量范围的精密 pH 试纸。

2) 试验方法。将待测的涂料搅拌均匀。把广泛 pH 试纸折成"L"形，轻轻地放在涂料表面。

停留约 1min，让被测涂料中的液体渗进试纸中，将试纸颜色与标准色板比较，初步确定被测涂料的 pH 值。

当需要更精密的 pH 值测定时，先用广泛 pH 试纸初步确定 pH 值，然后选取范围适当的精密 pH 试纸，按上述方法测定涂料的精密 pH 值。

3) 试验结果及处理。涂料 pH 值的有效测量值应不少于 3 个，取其算术平均值作为该涂料的酸碱度。同一实验室同一操作者 2 次试验结果之差不应大于 0.5 pH 单位。

4) 注意事项。采用 pH 试纸测定简便，但因涂料原有颜色会妨碍变化后颜色的比较和识别。涂料较稠时也不便于使用。pH 结果观测时间不超过半分钟。

6.4　烘干态涂层的性能检测

6.4.1　涂层外观

铸造涂料的涂层质量与铸件表面质量关系密切，涂层在金属液和砂型（芯）之间形成光滑的耐火层，可以提高铸件的表面粗糙度和外观。涂层外观检测可参照 JB/T 9226—2008《砂型铸造用涂料》进行。

(1) 装置　SAC 型锤击式制样机；电热烘箱。

(2) 试样制备　试样基体采用实际使用的型（芯）砂，在 SAC 型锤击式制样机上冲击 3 次，制成 ϕ50mm×55mm 试样，按型（芯）砂相应的工艺干燥或硬化。

(3) 试验方法　把按 6.2.3 节制备的涂料均匀地涂敷或浸沾于基体试样上，涂层厚度为 0.5~1.0mm，其中水基涂料试样要放入电热烘箱中，经 150℃±5℃ 烘干，保温 1h，有机溶剂涂料试样要点燃干燥，然后均在冷却后观察。

(4) 结果表述　用目测法检查涂层表面外观，检查是否存在下列情况并记录。

1) 涂层有起伏不平的条纹，或缩孔。

2) 涂层过多地堆积、流挂或流痕在砂型（芯）垂直部位。

3) 涂层中存在因涂料中的气泡造成的气孔。

4）涂层中存在粗的颗粒或粉料疙瘩等。

5）涂层覆盖不好，露出一些不规则的未涂表面。

6）涂层有裂纹，或开裂、起壳等。

（5）注意事项 涂层的外观还取决于采用的施涂工艺（刷涂、喷涂、浸涂和流涂等）。在实际应用过程中，涂料制造商会根据具体的施涂工艺要求相应调整涂料配方，以确保更适合的涂料状态和施工参数。

6.4.2 涂层厚度

铸造涂料的涂层厚度对涂料的使用效果有直接的影响，是非常重要的工作性能指标，湿膜涂层厚度或对应的干膜涂层厚度要求随浇铸金属类型及浇铸尺寸（厚度和高度）的变化而变化。通常情况下，对于小型铸件，砂型（芯）上的干膜涂层厚度在 $150 \sim 300 \mu m$，且随着铸造尺寸和浇注强度的增加，可能需要更厚的涂层（$250 \sim 1000 \mu m$）。因此，在实际应用中，建议通过铸造试验确定必要的涂层厚度，以生产所需的铸件质量。

然而，到目前为止，铸造行业还没有寻找到一种可靠的无损测试来测量砂型（芯）上涂层厚度的一致性。因此，通常采用破坏性试验进行简单的涂层厚度测量。

涂层厚度测定可参照 GB/T 13452.2—2008《色漆和清漆 漆膜厚度的测定》进行。

（1）涂层湿膜厚度——梳规法

1）装置与测试原理。梳规：是一种由耐腐蚀材料制成的平板，有一系列齿状物排列在其边缘（见图6-9）。平板角落处的基准齿形成一条基线，沿着该基线排列的内齿与基准尺间形成了一个累进的间隙系列，每一个内齿用给定的间隙

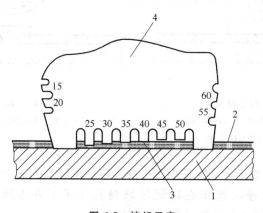

图6-9 梳规示意

1—底材 2—涂层 3—湿接触点 4—梳规

深度值标示出来。在测试涂层湿膜过程中，基准齿穿过湿膜与底材砂型（芯）表面接触，内齿则同时与涂层湿膜表面接触，通过从触碰（或黏染涂料）的内齿间隙深度的标值作为涂层湿膜的厚度。

市场上能够买到的梳规能测得的最大厚度一般为 2000μm，最小增量一般为 5μm。

2）试验方法与结果表示。确保齿状物干净、没有磨损或破坏。把梳规放在平整的试样表面，使齿状物与试样表面垂直。应有足够的时间使涂料润湿齿状物，然后取走梳规。如果试样的一个面弯曲，梳规应在该弯曲面的轴平行的位置放置。厚度测量结果与测量时间有关，因此应在涂料涂敷后尽快测量厚度。把被涂料润湿的内齿的最大间隙深度读数记录下来作为湿膜厚度。

（2）涂层干膜厚度——深度规法

1）装置。量规：深度测微计（见图 6-10）或深度千分表（见图 6-11）。符合 ISO 463 要求的机械千分表和电子千分表，测量精度通常为 5μm（机械千分表）和 1μm（电子千分表），或更好。千分表应有一个平整的基座或支脚来放在涂层表面上作为参照平面。

刮板；记号笔或铅笔；金刚砂加强拉丝布。

2）试验方法。找一个合适的平坦涂层区域以适合量规底座。将带底座的指示量规放在平面上，并用记号笔标出底座的位置。

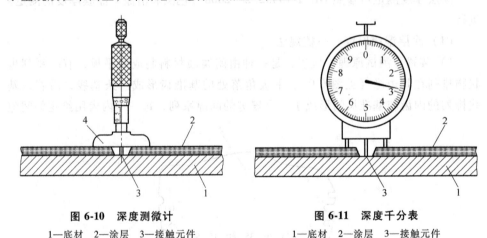

图 6-10　深度测微计

1—底材　2—涂层　3—接触元件
4—平整的基座或支脚

图 6-11　深度千分表

1—底材　2—涂层　3—接触元件

从涂层表面上取下量规并使用不平度容限不超过 1μm 的玻璃板调零。

使用金刚砂加强拉丝布在标记区域测量杆正下方去除一小块涂层（约 2.5cm²），直至刚好露出砂型（芯）表层砂。

非常小心地将量规放置到原来的标识区，确保测量杆位于去除涂层区域的正上方，并使其触点接触底材后触动齿杆固定表盘上的读数。

小心取下量规，记录涂层的厚度至最小精度值。

（3）涂层干膜厚度——显微镜法

1）装置。显微镜：具有合适光照系统，能给出最佳影像对比度的显微镜；选择放大倍数使得视场为 1.5~3 倍的漆膜厚度；目镜或光电测量装置的测量精度至少为 1μm。

标准砂型块：SAC 型锤击式制样机制作的 φ50mm×55mm 试样；锯条；80~100 目砂纸。

2）试验方法。采用锯条将涂层后的标准砂型块一切为二，并用砂纸将断面适当打磨平整，使得断面涂层界面更加清晰可辨。

把上述试样置于读数显微镜下，调整光源，选择放大倍数使得视场为 1.5~3 倍的漆膜厚度进行观测，读取涂层厚度。

3）注意事项。不管是梳规测量涂层湿膜厚度，还是深度规测量涂层干膜厚度，均需要在一个合适的基材平坦区域进行测量，否则所测涂层厚度值不应予采纳。

梳规要定期校验，存在磨损时要及时更换；湿膜厚度测定结果与测定时间有关，涂料涂覆后要尽快测量。

采用深度规法时，测量杆接触区域的下方涂层应已完全去除，且刚好只露出砂型（芯）表层砂。采用深度规法时，与量规底座接触的区域未被破坏会影响零基点；测量杆接触区域内砂型（芯）表面砂被过度破坏，应在不同区域重新进行测试。

采用显微镜法时，样品截面要平直，否则影响涂层厚度读数。

6.4.3 涂层抗擦落强度

涂料施涂于砂型（芯）后，砂型（芯）涂层要经翻转、运输、烘干、合型等工序而不致破坏，因此烘干后的涂层必须具有一定强度。测定涂层表面强度的方法很多，目前主要采用机械擦刷法、落砂法、手搔法等。其中，前两种方法均具有准确定量的优点，但在生产中，不可能对每种涂料测定其磨损量，且测定程序复杂，设备可靠性也直接影响测试结果。涂料的磨损量究竟多大才算合适，没有确切直观的表述，且操作麻烦，不利于大量配制涂料及生产使用。手搔法虽受人为主观影响较大，但操作十分简便，尤适用于生产应用场合，一摸便知，尽管不能准确定量，但对有涂料操作经验的人来说，手感稳定，对判断涂层表面强度的优劣很有效。所以，为便于涂料的大规模配制和生产，普遍采用手搔法测定涂层的表面强度。

（1）机械擦刷法（JB/T 9226—2008） 图 6-12 所示为涂层机械擦刷法测试

原理示意，它是通过在待测涂层表面加载一个纺织行业规格 652 型盖板针布刷，且在给定载荷下，采用旋转机构带动待测涂层试样旋转规定的圈数或时间，最终以从涂层试样上擦刷掉落的涂层质量比较涂层抗擦落强度，单位为 g。使用这种机械擦刷法，有标准方法和相应仪器，

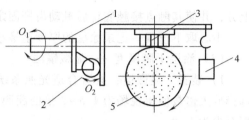

图 6-12　涂层机械擦刷法测试原理示意

1,2—可转小轴　3—针布刷　4—荷重砝码　5—试样

测量结果可定量，测试过程受操作人员主观因素的影响小。

1）装置。SUM 型涂料耐磨试验仪（见图 6-13）；基体试样（$\phi50\text{mm}\times55\text{mm}$ 圆柱形砂芯）；电热烘箱；精度为 0.001g 的天平；干燥器。

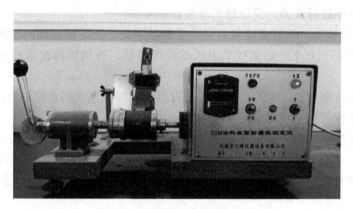

图 6-13　SUM 型涂料耐磨试验仪

2）试样制备。把按 6.2.3 节制备的涂料均匀地涂刷或浸沾于基体试样上，涂刷涂料部分的宽度应不少于 50mm，避免圆柱形砂芯夹持在涂料耐磨试验仪上时试样两端的涂层脱落，并且应尽量使圆柱形砂芯表面的涂层均匀，不要有明显的高低不平，涂层干膜厚度推荐为 0.5~1.0mm。水基涂料试样放入电热烘箱中，经 150℃±5℃烘干，保温 1h（有机溶剂涂料试样点燃干燥），冷却后放入干燥器中。

3）试验方法。接通电源，将涂层砂芯试样夹持在仪器的夹具上，加载质量为 400g（或其他商定载重），并用软毛刷将试样外表面轻轻刷净，调整高速计数器使之达到 64r/min，然后使其复位。按动开关，试样开始转动，当计数器的数值达到设定值时，试样自动停止转动。称量针布刷磨下涂料的质量，精确至 0.01g，作为该涂层砂芯试样的耐磨性数值。

4）计算。对同一涂料试样测定 3 个，取其算术平均值，若其中任何一个值与平均值相差超出 10%，试验重新进行。

5）注意事项。试验前必须检查确认各转动部位是否灵活，有无不正常声音，计数器是否正常工作。应仔细检查针布刷位置是否正确，有无歪斜。检查试样夹盘转动方向是否向试样横截面的逆时针方向转动；试样夹持机构应夹持有效，即不至损伤试样，试验过程中试样不打滑。

试样经夹持机构夹紧后，务必先用毛刷将试样表面轻轻刷净，以免表面的浮砂在测试过程中掉落，影响称量数据准确性。

（2）落砂法（参考方法）

1）装置。落砂试验器，如图6-14a所示，由支架、漏斗、导管以及一个与垂直位置呈45°角的放置待测涂层试板的托座组成。其工作原理是将50/100目大林标准砂从1000mm高处，利用流砂的重力冲刷涂层表面，通过破坏每单位厚度涂层所需标准砂的质量作为涂层表面强度的定量指标；120mm×100mm×（2~3）mm的表面平整光滑的玻璃板（符合 GB 11614—2022《平板玻璃》的要求）或其他商定的试板；带刻度的平板尺；自制有机玻璃框，如图6-14b所示；电热烘箱。

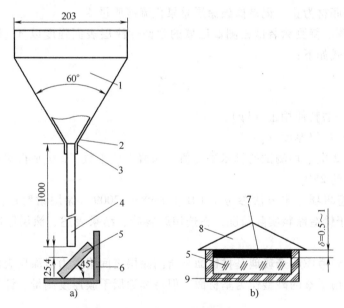

图6-14　落砂试验器

1—漏斗　2—落砂开关（漏斗的下端是一个圆柱形的套环，与导管上端出口正好吻合）
3—导管的上端在漏斗的最小直径处导管的两端要切平并除掉全部毛刺　4—导管（内壁光滑，直径为19.05mm±0.08mm，外径为22.22mm±0.25mm）　5—玻璃涂层测试板
6—测试样板托座　7—涂层　8—平板尺　9—有机玻璃框

2）试样制备。先将玻璃板放入有机玻璃框内，并往框内倒入足量待测涂料样品，使其充满，过盈的涂料可使用平板尺将其刮走。将有机玻璃框连同玻

璃板放入电热烘箱中，经 150℃±5℃烘干，保温 1h（有机溶剂涂料试样点燃干燥），待冷却后将涂层玻璃板从框内取出。如此平行准备 3~4 块涂层玻璃板待测。

3）试验方法。除非另有商定，试验应在 23℃±2℃和相对湿度不超过 50%±5%的条件下进行。

在每块试片上标出 1 个圆形区域，直径约 25mm，并且使每个圆形区域在试板托座上能合适地就位。安装待测试片就位之前，应在测试标记的圆形区域外且尽量接近的区域按照 6.4.2 节所述采用深度规法测量至少 3 个涂层干膜厚度值，记录其平均值 T。

将涂层玻璃板固定在托座上，调整试板使其标出的圆形区域正好在导管中心的下方，且使导管出砂口到涂层表面的距离，在垂直方向测量时的最近点是 25.4mm。然后将一定质量的标准砂灌注到漏斗中，打开开关，使砂通过导管，撞击到标记的圆形区域内的涂层上。支架下面放置接收容器收集落下的砂。重复上述操作，直到砂子将标记的圆形区域内的涂层擦落，观察直径大约 4.0mm 区域露出玻璃底材为止。记录擦破涂层总累积流沙质量 G。

4）计算。待测涂装试板测试区域的耐磨性涂层表面强度以 A（kg/μm）表示，计算公式如下：

$$A = \frac{G}{T} \tag{6-10}$$

式中　G——磨料使用量（kg）；

　　　T——涂层厚度（μm）。

结果取 2 次平均测试的算术平均值，保留 1 位小数。2 次平行测定相差应小于其平均值的 25%。

5）注意事项。本方法参考了 GB/T 23988—2009《涂层耐磨性测定　落砂法》，但基于铸造涂料实际情况，在选用磨料砂、结果表述、涂层厚度测试上存在差异。

本方法未考虑所选玻璃基材板面与所测涂层之间附着力对涂层表面强度的影响。建议使用平整的砂型作为基材面，但后续涂层干膜厚度测量、评测终点需要进行协商统一。

为了更清楚地观察玻璃板涂层冲刷情况，可以在试片托座下放置光源。

（3）手搔法（参考方法）

1）装置。电热烘箱；SAC 型锤击式制样机。

2）试验方法。试样采用水玻璃砂或自硬树脂砂，在 SAC 锤击式制样机上冲击 3 次，制成一端具有半圆形（R=25mm）的 φ50mm×75mm 圆柱形试样（见图 6-15）。试样经硬化后，在其表面浸涂（2s）或均匀刷涂 0.5~1.0mm 厚待测涂料。水基涂料试样放入电热烘箱中，经 150℃ ±5℃ 烘干，保温 1h（有机溶剂涂料试样点燃干燥），冷却至室温后进行手搔法测定。

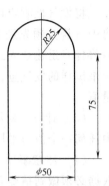

3）结果表述。按表面强度划分为 4 级，两级之间以半级评定。

1 级：用手指甲用力划涂层才掉粉末。

2 级：用手指甲划涂层就掉粉末。

3 级：用手指用力蹭涂层才掉粉末。

4 级：用手指轻力抚摸涂料层就掉粉末。

图 6-15　圆柱形试样

4）注意事项。手搔法受人为主观影响较大，比如手搔力度、经验，甚至人为情绪等，都能导致评判结果存在较大的差异。因此，现场采用此法时，应加强人为因素管控，提高检验人员质量意识和业务技能。

6.5　涂料的高温性能检测

6.5.1　发气量

发气量也称发气性，是指涂料在高温时析出气体的性质，用一定温度下每克涂料析出气体的容量毫升表示（mL/g）。涂料的发气量高，易引起铸件表面出现气孔、结疤及橘皮等缺陷。不同铸造合金、不同工艺、不同铸件结构、不同位置对涂料发气量的耐受程度不同。例如，不锈钢等对气体敏感性较强的合金，易出现气孔，应严格限制涂料的发气量。而铸铁件对气体敏感性较低，允许的涂料发气量可以适当放宽。但对于不利于排气的铸件结构或位置，如发动机水套芯，要求涂料的发气量越低越好。对于不易产生气的铸件，适当增加涂料发气量可阻止金属液对涂料的润湿，有助于提高涂料的抗粘砂能力。另外，需要注意的是，这里所说的发气量是一种相对发气量，即单位质量的涂料的发气量。而生产实际当中决定铸件是否出现气体缺陷的是涂料的绝对发气量。如果涂料的抗粘砂性能较高，涂层可适当减薄，这样有助于降低涂料的绝对发气量。涂料发气量的测定可参照 JB/T 9226—2008《砂型铸造用涂料》进行。

（1）装置　电热烘箱；研钵或电动研磨机；GET-Ⅲ发气性测定仪；精度为 0.001g 的天平；瓷舟。

（2）试验方法　浆状涂料、膏状涂料或粉（粒）状涂料试样，在电热烘箱中经 150℃ ±5℃ 烘干，保温 1h，冷却至室温，用研钵或电动研磨机研成粉状，放入干燥器中备用。

将发气性测定仪升温至 1000℃±5℃，称取 1g±0.01g 粉体试样，均匀置于瓷舟中（瓷舟预先经 1000℃±5℃ 灼烧 30min 后置于干燥器中冷却至室温待用）。然后将瓷舟迅速送入到发气性测定仪的石英管红热部位，并封闭管口，记录仪开始记录试样的发气量，在 3min 内读取记录仪记录的最大数据作为涂料试样的发气量值。

（3）计算　对同一个涂料粉体试样平行测定 3 次，取其算术平均值，若其中任何一个值与平均值相差超出 10%，试验重新进行。

（4）注意事项　操作人员务必做到细心、认真、仔细；对质量精度，填写数据必须做到精确无误；测试之前，需定期用气量计进行标定，如误差超过规定范围，可调整相应参数校准，若仍达不到要求，应将仪器送回设备厂家检修。

6.5.2　涂层高温曝热抗裂性

涂层高温曝热抗裂性是指涂层经受高温激热，涂层抵抗产生裂纹和剥离的能力。该指标用于模拟涂层在浇注受到高温急热的冲击下，涂层中所选耐火材料的耐高温性以及高温黏结剂的黏附强度。涂层高温曝热抗裂性的测定可参照 JB/T 9226—2008《砂型铸造用涂料》进行。

（1）装置　马弗炉；电热烘箱；SAC 型锤击式制样机。

（2）试样制备　试样采用水玻璃砂或自硬树脂砂，在 SAC 锤击式制样机上冲击 3 次，制成一端具有半圆形（$R=25mm$）的 $\phi50mm×75mm$ 圆柱形试样（见图 6-15）。试样经硬化后，在其表面浸涂（2s）或均匀刷涂 0.5~1.0mm 厚待测涂料。水基涂料试样放入电热烘箱中，经 150℃±5℃ 烘干，保温 1h（有机溶剂涂料试样点燃干燥），冷却至室温后待用。

（3）试验方法与结果表示　提前将马弗炉加热至 1200℃，并平衡 10~30min，然后将准备好的试样送入炉中，待其激热及保温 2~3min 后，取出试样立即进行目视检查，并对涂层裂纹情况按Ⅰ~Ⅳ级进行评判。

Ⅰ级：表面光滑无裂纹，或只有极少微小的裂纹。涂层与基体试样间无剥离现象。

Ⅱ级：表面有树枝状或网状细小裂纹，裂纹宽度小于 0.5mm。涂层与基体试样间无剥离现象。

Ⅲ级：表面有树枝状或网状裂纹，裂纹宽度小于 1mm，裂纹较深，沿横向（水平圆周方向）或纵向无贯通性裂纹。涂层与基体试样间无明显剥离现象。

Ⅳ级：表面有树枝状或网状裂纹，裂纹宽度大于 1mm，横向或纵向有贯通性裂纹。涂层与基体试样间有剥离现象。

每个样品需平行测试 3 个试样，以 2 个或 2 个以上相同评级作为最终检验结果。

（4）注意事项　涂层试样必须在马弗炉到达设定温度之后再送入，操作过程要尽量快，避免马弗炉温度下降。

杜绝将试样从炉中取出冷却后再加以观察，这并不符合实际浇注条件，因为浇注铸件时，只有高温激热。

6.5.3　涂料烧结特性（参考方法）

涂料烧结特性是用涂料中耐火料颗粒间熔化烧结的温度表示，单位为℃。

（1）装置　烧结点测定炉（最高温度约1300℃，可连续测温）。

（2）试验方法与结果表示　首先将瓷舟放入高温炉中，1200℃焙烧约30min，冷却后置于干燥器中保存。将少量待测涂料在200℃下彻底烘干，烘干时间以去除全部吸附水为准。将烘干的涂料碾成细粉并搅拌均匀，取适量涂料细粉压实在焙烧过的瓷舟一端（每次试验的装料量和压实程度力求相同），一起放入烧结用石英管的开口端部预热30s，以免试验中瓷舟断裂。再将盛料瓷舟推入烧结用石英管深处的高温区，停放2min（温度从低到高，每间隔50℃做一次试验，直至烧结物开始收缩为整块玻璃体为止），然后将盛料瓷舟取出，在空气中冷却，对冷却后的涂料试样进行观察评级。铸造用涂料烧结特性分级评定见表6-3。

表6-3　铸造用涂料烧结特性分级评定

级别	涂料试验烧结特征		
	玻璃体量	密实程度	收缩及裂纹
0	粉料未烧结,高温下无液相产生,冷却后无玻璃体	粉料颗粒间互不黏结,呈松散状,用针可拨动	无体积收缩及裂痕
1	粉料开始烧结,出现玻璃相,显微镜下可见闪光斑点	粉料颗粒间开始黏结,有一定黏结强度,用针可以刺入表面	试样烧结表面收缩,发生凹陷,基本无裂纹
2	粉料烧结加强,玻璃体样增多,显微镜下有局部亮块	粉料颗粒间黏结已较紧密,黏结强度较高,用针难以刺入	试样烧结表面凹陷较大,有较多细小裂纹
3	玻璃体样增多,显微镜下可见大部亮块	粉料颗粒黏结紧密,黏结强度高,用针已不能刺入	试样烧结表面收缩严重,裂纹多且深
4	粉料大量熔为液相,显微镜下有连续玻璃体区	烧结产物密度及强度均很高,试样基本熔为一体	试样烧结收缩严重,体积明显缩小,裂纹也合并发展为粗大裂纹
5	粉料已全部成为玻璃相,显微镜亮区已连成一片	烧结产物密度及强度均极高,试样基本已熔为一体并裂成几块玻璃相	试样完全烧结,体积严重缩小,烧结产物呈几块陶瓷状

6.5.4 涂层抗粘砂性（参考方法）

涂层防止铸件产生机械粘砂和化学粘砂的性能，是涂料最基本的，也是最重要的性能，是涂料最终性能的综合反映。涂层的抗粘砂性不仅包含涂层阻止金属液对型芯的渗透和浸蚀，还指涂料本身防止金属液的渗透和浸蚀，以及涂层能从铸件表面自动或很容易剥离的性能。三者既有联系又有区别。能够抗粘砂的涂料不一定容易剥离，而容易剥离的涂料一般都能抗粘砂，但铸件表面质量不一定高。优质的铸造涂料应是抗粘砂性能高、涂料容易剥离和能获得平滑光洁铸件表面质量三者相统一。涂料的抗粘砂性及剥离性可通过浇注铸件或试块来评定。

（1）装置 SAC 型锤击式制样机；马弗炉；电热烘箱；小型熔炼设备及辅料。

（2）试样制备 试样基体采用实际使用的型（芯）砂，在 SAC 锤击式制样机上冲击 3 次，制成 $\phi50mm \times 55mm$ 平头圆柱形试样砂芯，按型（芯）砂相应的工艺干燥或硬化。然后将平头圆柱形试样砂芯浸入待测涂料 5s，浸入深度 $\geqslant 40mm$，取出后在 150℃±5℃ 电热烘箱中烘干保温 1h（有机溶剂涂料试样点燃干燥），冷却至室温待用。

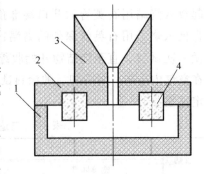

图 6-16 模拟浇注试验铸型装配示意
1—下型 2—上型 3—浇口杯
4—平头圆柱试样砂芯（均布 6 个）

（3）试验方法 按图 6-16 将烘干后已上涂层的平头圆柱形试样砂芯放入铸型的上型中（用黏膏将试样牢固地黏附在砂型上的砂芯座内），每个圆盘铸型中同时装好 6 个平头圆柱形试样砂芯。

在 1300~1450℃（温度根据涂料实际使用时的金属液温度选定）充填铸型。待铸件冷却后打箱落砂，用钢丝刷手工清理。

比较圆盘铸件上各圆柱孔表面质量。比较指标包括粘砂程度、毛刺倾向、表面粗糙度及表面粘灰情况、结壳及脱壳倾向。

（4）结果表示与注意事项 在不同铸型中比较涂料时，务必严格控制铸型的硬度、紧实均匀度及金属液温度，否则误差较大。

粘砂、粘灰及表面粗糙度的评定均按实际情况记录（可分为"无""轻""严重"几级）。

结壳及脱壳情况可按占壳总面积的百分比来计算；且还应记录结壳（粘灰）清理的难易程度。

试验圆盘的高度可按实际铸件的平均壁厚进行适当调整；圆柱形试验的高度也可随试验圆盘高度进行相应调整。

思 考 题

1. 涂料密度的测定方法有哪些？各自存在哪些误差风险？

2. 简述涂料波美度测定过程中的注意事项。

3. 影响涂料质量固体分准确测定的因素有哪些？

4. 标准流杯法具有哪些特点？适应于哪类液体涂料的黏度测量？

5. 根据表观黏度的变化特性，可分为哪几种流体？并简述各自的特点。

6. 结合实际操作，简述旋转黏度计操作过程中如何选择转子？讨论测量过程中怎样确保涂料黏度测量的一致性？

7. 涂料悬浮性的测定通常包括哪两种方法？并简述各自的优缺点。

8. 结合涂料流变特性，试述涂料流挂性测试的实际意义。

9. 简述常见的涂层外观缺陷。

10. 试述在涂层湿膜和干膜的实际测量当中，主要存在哪些客观影响因素？并结合自己的理解，讨论可行性建议。

11. 试述机械擦刷法、落砂法和手摇法各自的特点？并讨论如何提高测量的准确性。

12. 涂层耐高温性能检测有哪些？结合实际，讨论在操作中需注意的事项。

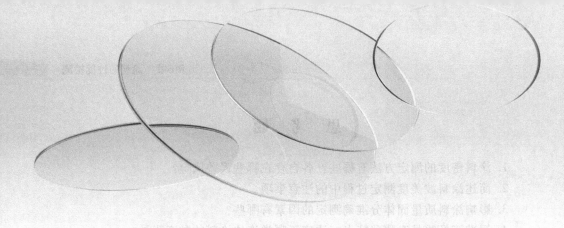

第7章　检测仪器的校准

7.1　概述

型砂仪器设备长期使用后会产生夹具松动、传感器精度偏差、电子元器件老化等现象。使用工况和频率等因素都可能引起性能下降。工作环境差或长期大量使用，还会使仪器积累垃圾灰尘、发生褪色等，无法进行高精度测量。虽然长期使用后零件不可避免地会产生老化，但根据仪器状况进行适当调整，就能恢复仪器性能，保持高精度测量。检验人员须对实验室常用仪器进行周期性检定，下面介绍几款常用型砂检测仪器的校准方法。

7.2　智能型砂强度机校准

智能型砂强度机（见图7-1）用于测定型（芯）砂常温和热态的抗拉、抗压、抗弯和抗剪强度，在使用过程中会出现夹具松动、传感器精度偏差、电子元器件老化等现象，使测定精度达不到使用要求，因此要求定期对智能型砂强度机进行检查校准。

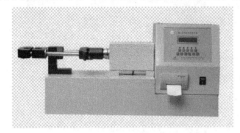

图 7-1　智能型砂强度机

7.2.1　力值的标定

卸下强度机上的抗拉夹具，将标准测力计装在强度机上，如图 7-2 所示。

打开仪器电源，先按【确认】键，再按【测试】键，强度机显示值转换成力值（kN），按【测试】键清零，仪器显示 F □ 0 。按【▲】键，电动机开始转动，强度机传感器和标准测力计传感器同时加载，按【设置】键，电动机停止运行。同时记录强度机显示值和标准测力计显示值，计算示值误差是否在强度机所规定的±1.5%内，至少检查 3 次。如果出现超差，打开强度机上盖板，调整如图 7-3 所示的电位器旋钮，使仪器显示值在允差范围内。

图 7-2　标准测力计装置　　　　　　　　　图 7-3　电位器旋钮

7.2.2　空载摩擦力的检查

按【抗压】键，选择抗压试验模式，再按【测试】键，查看并记录最大值，最大值不能超过 0.002MPa。

7.2.3　夹具的检查

智能强度机的组合夹具经过长时间使用会出现松动现象，影响测量数据的准确性。如果出现松动、间歇过大和磨损等现象，要及时修理或更换。

（1）检查抗拉夹具空载摩擦力　装上强度仪组合夹具，按【抗压】键，选择抗压试验模式，再按【测试】键，查看并记录最大值，最大值不能超过 0.005MPa。

（2）检查抗弯支架两个刀口的距离　抗弯支架两个刀口的距离为 149mm±0.2mm。

（3）检查抗剪夹具两个刀口的间隙　抗剪夹具两个刀口的间隙为 0~0.2mm。

对智能型砂强度机进行标定和校准的示例见表 7-1。

表 7-1　智能型砂强度机标定与校准示例

检测项目	检测要求	检测结果				
示值误差	载荷示值误差不超过 ±1.5%	测力机力值 /kN	1kN	2kN	3kN	示值误差（%）
		0.1	0.101	0.100	0.101	0.67
		0.2	0.201	0.202	0.201	1.00
		0.5	0.503	0.504	0.506	0.87
		1.0	1.008	1.009	1.010	0.90
		1.5	1.510	1.516	1.512	0.84
		2.0	2.020	2.018	2.015	0.85
空载最大静摩擦力	空载进程时，最大静摩擦力不大于 0.002MPa	0.001MPa				
夹具要求	抗拉夹具空载时，压力不得大于 0.005MPa	0.003MPa				
	抗弯支架两个刀口的距离为 149mm±0.2mm	149.1mm				
	抗剪夹具两个刀口的间隙为 0~0.2mm	0.2mm				

示值误差列右侧另标注 <1.5%

7.2.4　智能型砂强度机日常维护

智能型砂强度机每班次使用后都要关闭电源，扫除垃圾和砂子，擦拭干净。如果仪器长期不使用，要在夹具和导柱上涂防锈油。

7.3　数显液压强度试验机的校准

数显液压强度试验机（见图 7-4）用于测定型（芯）砂常温和热态的抗拉、抗压、抗弯和抗剪强度，在使用过程中会出现夹具松动、传感器精度偏差、电子元器件老化、压力系统漏油等现象，使测定精度达不到使用要求，因此要求定期对数显液压强度试验机进行检查校准。

图 7-4　数显液压强度试验机

7.3.1　力值的标定

卸下强度机上的抗拉夹具，将标准测力计装在强度机上，如图 7-5 所示。匀速摇动液压强度机手轮，将测力计分别加载到 0.10kN、0.2kN、0.5kN、

图 7-5 装有标准测力计的强度机

1.0kN、1.5kN、2.0kN，并分别记录仪表上的抗压值，至少检查 3 次，计算示值误差是否在液压强度机所规定的±2.5%。如果出现超差，则需要维修或校准。

7.3.2 检查空载静摩擦力

匀速摇动液压强度机手轮，强度机空载进程时，最大静摩擦抗压不得大于 0.02MPa。

7.3.3 夹具的检查

液压强度机的抗拉夹具经过长时间使用会出现松动现象，影响测量数据的准确性。如果出现松动、间歇过大和磨损等现象，要及时修理或更换。

（1）检查抗拉夹具空载摩擦力 在液压强度机上装上抗拉夹具，匀速摇动液压强度机手轮，活塞推动抗拉夹具时，最大抗压值不得大于 0.03MPa。

（2）检查抗弯支架两个刀口的距离 抗弯支架两个刀口的距离为 149mm±0.2mm。

7.3.4 密封性检查

强度机的液压系统密封性能应满足在 6MPa 的压强下，10s 内压强下降不大于 0.05MPa。对液压强度试验机进行标定和校准的示例见表 7-2。

表 7-2 液压强度试验机标定与校准示例

检测项目	检测要求			检测结果		
		测力计力值 /kN	抗压计算值 /MPa	示值(抗压值)/MPa		
				1	2	3
示值误差	载荷示值误差应不超过±2.5%	0.1	0.05093	0.051	0.051	0.052
		0.2	0.10186	0.10	0.11	0.10
		0.5	0.2546	0.25	0.26	0.26
		1.0	0.5093	0.51	0.50	0.51
		1.5	0.7639	0.77	0.77	0.77
		2.0	1.1086	1.10	1.11	1.12

（续）

检测项目	检测要求	检测结果
夹具要求	抗拉夹具空载时，压力表显示值不得大于 0.03MPa	0.022MPa
	抗弯支架两个刀口的距离为 149mm±0.2mm	149.1mm
密封性能	强度机的液压系统密封性能应满足在 6MPa 的压强下，10s 内压强下降不大于 0.05MPa	合格
空载最大静摩擦压力	强度机空载进程时，最大静摩擦压力不得大于 0.02MPa	0.018MPa

7.3.5 数显液压强度试验机的日常维护

数显液压强度机每班次使用后都要关闭电源，扫除垃圾和砂子，每次试验后必须把手柄摇到最后释放压力。定期排放液压缸内的空气并加油。如果仪器长期不使用，要在夹具和导柱上涂防锈油。

7.4 智能透气性测定仪的测定方法与步骤

智能透气性测定仪（见图 7-6）用于测定型（芯）砂的湿态和干态透气率，仪器在使用过程中会出现密封系统老化、传感器精度偏差的现象，使仪器达不到使用要求，应该定期对智能透气性测定仪进行检查校准。

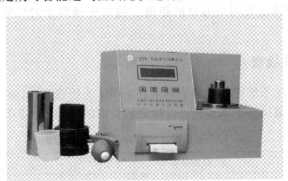

图 7-6 智能透气性测定仪

7.4.1 压力值的标定

打开透气性测定仪罩壳，拔下试样座回气管，打开电源。按【▲】键，显示屏出现 **Fun 0**，再按【▲】键，显示屏出现 **Fun 3**，把回气管接入标准微压计的出气口，微压计分别给出 200Pa、400Pa、600Pa、800Pa、981Pa 标准气压值，同时记录透气仪显示屏上分别对应的读数，计算示值误差是否在透气性测定仪所规定范围内，至少检查 3 次。如果出现超差，调整如图 7-7 所示的电位器旋钮，使仪器显示值在允差范围内。

图 7-7　电位器旋钮

7.4.2　通气孔通气时间的检查

在环境温度为 20℃、大气压为 760mmHg 时，压强为 981Pa、容积为 2000mL 的通气通过测量孔的时间：大孔 1.5mm，通气时间为 30s±0.5s；小孔 0.5mm，通气时间为 270s±1.5s。打开透气性测定仪罩壳，拔下进气管，将 2000mL 标准气体的出气管插到试样座进气管上，打开电源，此时通气孔为大孔，记录 2000mL 标准气体全部排出的时间。关闭电源，通气孔为小孔，记录 2000mL 标准气体全部排出的时间。如出现偏差，调准通气孔大小，直至符合标准时间。

7.4.3　重复性误差的检查

对随机配备样块进行 3 次测试，记录每次测量的结果，计算出透气性测定仪的重复性误差。按表 7-3 所列的示例，对智能透气性测定仪进行校准和标定。

表 7-3　智能透气性测定仪的校准和标定示例

项　目	要　　求	检 验 记 录			
压力误差	气源工作压力为 981Pa±5Pa	微压机力值 /Pa	1	2	3	示值误差 ≤±1.5%
		200	198	201	202	合格
		400	401	402	402	
		600	602	602	601	
		800	801	801	802	
		981	980	981	982	
重复性误差	对同一被测试样测试时，所测出的透气率重复性误差为±1%	1	2	3	示值误差
		114.8	114.7	114.0	≤±1%
通气孔 通气时间	在环境温度为 20℃、大气压为 760mmHg 时，压强为 $100mmH_2O$（981Pa）、容积为 2000mL 的通气通过测量孔的时间 大孔:1.5mm，通气时间为 30s±0.5s 小孔:0.5mm，通气时间为 270s±1.5s	1	2	3	示值误差
		30.2	30.3	30.1	≤±0.5s
		270.08	270.07	270.07	≤±1.5s

7.4.4　智能透气性测定仪的日常维护

智能透气性测定仪每班次使用后都要关闭电源，扫除垃圾和砂子。

7.5　直读式透气性测定仪的测定方法与步骤

直读式透气性测定仪（见图 7-8）用于测定型（芯）砂的湿态和干态透气率，仪器在使用过程中会出现密封系统老化、通气孔堵塞、压力表精度偏差的现象，使仪器不能满足使用要求，应该定期对直读式透气性测定仪进行检查校准。

图 7-8　直读式透气性
测定仪

7.5.1　压力值的标定

拔出直读式透气性测定仪膜盒表进气管接入标准微压计的出气口，微压计分别给出 200Pa、400Pa、600Pa、800Pa、981Pa 标准气压值，同时记录透气仪膜盒表上分别对应的读数，计算示值误差是否在透气仪机所规定范围内，至少检查 3 次。如果出现超差，必须返厂维修或更换压力表。

7.5.2　通气孔通气时间的检查

在环境温度为 20℃、大气压为 760mmHg 时，压强为 981kPa、容积为 2000mL 的通气通过测量孔的时间：大孔 1.5mm，通气时间为 30s±0.5s，小孔 0.5mm，通气时间为 270s±1.5s。分别将直读式透气性测定仪试样座上的旋钮调整到大孔或小孔位置，工作旋钮在吸放气位置，提起气钟罩，使气钟上的 0 刻度线与水桶上沿口对齐并将工作旋钮拧到关闭位置，然后再将工作旋钮拧到工作位置并打开秒表计时，记录气钟到 2 刻度线时所用时间，如出现偏差，调准通气孔大小，直至符合标准时间。

7.5.3　重复性误差的检查

对随机配备样块进行 3 次测试，记录每次测量的结果，计算出透气性测定仪的重复性误差。按表 7-4 所列的示例，对直读式透气性测定仪进行校准和标定。

表7-4　直读式透气性测定仪的校准和标定示例

项　目	要　求	检 验 记 录			
压力误差	气源工作压力为 981Pa±5Pa	微压机力值 /Pa	1	2	3	示值误差 ≤±1.5%
		200	198	201	202	
		400	401	402	402	
		600	602	602	601	合格
		800	801	801	802	
		981	980	981	982	
重复性误差	对同一被测试样测试时,所测出的透气率重复性误差为±1%		1	2	3	示值误差
			114.8	114.7	114	≤±1%
通气孔 通气时间	在环境温度为20℃、大气压为760mmHg时,压强为100mmH$_2$O(981Pa)、容积为2000mL的通气通过测量孔的时间 大孔:1.5mm,通气时间为30s±0.5s 小孔:0.5mm,通气时间为270s±1.5s		1	2	3	示值误差
			30.2	30.3	30.1	≤±0.5s
			270.08	270.07	270.07	≤±1.5s

7.5.4　直读式透气性测定仪的日常维护

直读式透气性测定仪每班次使用后都要扫除垃圾和砂子,定期更换水桶内的水。如果长期不使用,要排空水桶中的水并保持干燥。使用过程中不能用手或重物压在气钟上,以免损坏膜盒表。

7.6　锤击式制样机的校准

锤击式制样机（见图7-9）用于制备型砂湿压强度和透气性测定的试样,以及和型砂投入器配合检测型砂的紧实率,还可以检测型砂的流动性等参数。锤击式制样机在使用过程中会出现样筒和大小凸轮的磨损等现象,使制备的试样不标准、紧实率试验数据不准确,应该定期对锤击式制样机进行检查校准。

7.6.1　试样筒的检查

测量试样筒的两端口直径,尺寸最大应为51mm,如因磨损造成超差,应更换试样筒。

图7-9　锤击式制样机

7.6.2　重锤下落高度的检查

如图 7-10 所示，抬起锤击式制样机重锤，将 50mm 的标准等高块放入重锤和锤垫之间，转动小凸轮到最高位置，用塞尺测量小凸轮和重锤之间的间隙，间隙大于 0.5mm 时需要更换小凸轮。

7.6.3　锤头尺寸的检查

测量锤击式制样机锤头的直径，尺寸最小应为 $\phi48.5 \sim \phi49.5mm$，如因磨损造成超差，应更锤头。

图 7-10　重锤下落高度校准示意

7.6.4　锤击式制样机的日常维护

锤击式制样机使用后应放下大凸轮，扫除垃圾和砂子，擦拭干净。如果长期不使用，试样筒和筒座等应涂上防锈油，以免生锈。

7.7　型砂水分测定仪的校准

型砂水分测定仪（见图 7-11）用于测定型砂（原砂）的含水量，在使用过程中会出现样品盘结垢、传感器精度偏差等现象，造成测量结果误差，应对型砂水分仪定期进行校准。

型砂水分测定仪可用外校砝码校准。为了提高和保证称量数据的准确性，在首次称量或要求精确之前应进行质量校准。

质量校准过程如下：

校准时请打开上盖。

清洗样品盘，样品盘应放置到位，在主界面触

图 7-11　型砂水分测定仪

摸质量校准键，进入校准界面；触摸校准键，开始进行质量校准；把触摸屏提示要加载的砝码放在样品盘内，关上盖；显示校准结束，移去砝码（若不归零，则再复以上操作）。

型砂水分测定仪的日常维护：型砂水分测定仪每次使用后都要关闭电源，擦干净样品盘和仪器上的垃圾和砂子。

7.8　黏土吸蓝量试验仪的校准

　　黏土吸蓝量试验仪（见图 7-12）用于测定铸造用膨润土吸蓝量和型砂有效膨润土含量。在使用过程中会出现管路结垢、堵塞，电子元器件老化等现象，造成滴定数据不准确，应对黏土吸蓝量试验仪定期进行标定。

　　打开机器电源，按【设置】键，面板显示 **S·50** mL，按【加一】键和【启动】键调节滴入溶液的毫升量，按【启动】键，将溶液滴入已知皮重的容器内，称量溶液质量，直到和仪器显示器上显示的数量相符，再按【加一】键，将 1mL 溶液再次滴入容器内，称量溶液质量是否增加 1g。如果超出±1% 的偏差，则需要检查管路是否完全充盈以及存在结垢和堵塞等现象。

图 7-12　黏土吸蓝量试验仪

　　黏土吸蓝量试验仪每次使用后都要关闭电源，洗干净烧杯，擦干净仪器。

7.9　智能热湿拉强度试验仪的校准

　　智能热湿拉强度试验仪（见图 3-12）用于检测型砂的热湿拉强度和常温湿拉强度，热湿拉强度是铸造工厂评价膨润土热湿态黏结力的重要指标，可以反映型砂的抗夹砂缺陷能力。热湿拉强度试验仪从型砂试样的一端加热，使表层型砂所含水分蒸发，在向内迁移和凝聚形成低抗拉强度的高水层后，测定其抗拉强度。在仪器使用过程中会出现加热板粘砂、传感器精度偏差、加热板和试样端面不平行导致加热不均匀等现象，使仪器不能满足使用要求，应该定期对热湿拉强度试验仪进行检查和校准。

7.9.1　加热板的检查

　　热湿拉强度试验仪的加热板上会出现粘砂、结垢等现象，要定期用铲刀和砂纸清理。按【测试】键空载试样筒，使试样筒和加热板接触，观察试样筒端面是否能和加热板平行、均匀接触，如不能则需要调整加热板。

7.9.2　热湿拉强度试验仪力值的标定

　　打开仪器电源，按【确认】键，显示屏显示 **FUN 1**，再按几次【测试】

键清零，使显示值越小越好（$L-0.001$），放上随机配备的 1000g 砝码，记录显示屏上的读数（单位为 kg），移去 1000g 砝码，再次放上 2000g 砝码并记录显示屏读数，重复以上操作 3 次，计算平均值并计算误差范围是否在仪器规定的 ±1.5% 以内，如超出误差范围需要维修。

7.10 智能造型材料发气性测定仪

智能造型材料发气性测定仪（见图 7-13）用于检测型（芯）、涂料和煤粉等造型材料的发气性，发气性测定仪在使用过程中会出现连接乳胶管老化松动、石英玻璃管结垢、传感器精度偏差等现象，使发气量测定值出现误差，应定期对发气性测定仪进行标定校准。

图 7-13 智能造型材料发气性测定仪

7.10.1 发气量示值误差的校准

当炉温分别达到工作温度点（700℃、850℃、900℃、1000℃）时，将注射泵的注射速度调至 10mL/min，并将气体注入测试仪的气压测量系统内，使压力升高，分别在注入 10mL、20mL、30mL、40mL、50mL、60mL、70mL、80mL、90mL、100mL 10 个测点处，记录测定仪对应显示的气体容积示值，至少检查 3 次，并计算示值误差是否在 ±1% 的要求内，如超出误差范围，需要打开计算机"安装文件"中相应温度点的 K_1 值，然后再重复以上操作，直至示值误差在 ±1.5% 的要求内。

在日常使用中，上述方法比较烦琐，只要用随机配备的 20mL 注射器注入 20mL 气体，记录并计算示值误差是否偏差，然后按上述方法进行调整即可。

7.10.2 密封性能检查

用注射泵向测试仪的气压测量系统内注入气体约 20mL，封闭气压测量系统并观察测试仪显示的气体容积示值，10min 内测试仪显示的气体容积示值应不超过全量程的±0.5%，如出现超差，需要检查密封系统是否漏气，玻璃管焦油等结垢是否严重。如不存在以上问题，需要打开计算机"安装文件"中相应温度点的 K_2 值，再进行气密性能试验，直至符合要求。

思　考　题

1. 液压强度试验机标定时，测力计标准力值和强度示值（抗压值）是如何计算的？

2. 为什么锤击式制样机一定要调整和标定重锤质量和下落高度？

3. 为什么液压强度机每次使用后要把手柄退到最后？

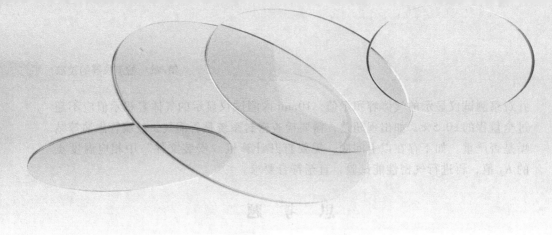

附　　录

附录 A　造型材料性能检测标准目录

GB/T 12804—2011《实验室玻璃仪器　量筒》

GB/T 13377—2010《原油和液体或固体石油产品　密度或相对密度的测定　毛细管塞比重瓶和带刻度双毛细管比重瓶法》

GB/T 1725—2007《色漆、清漆和塑料　不挥发物含量的测定》

GB/T 13452.2—2008《色漆和清漆　漆膜厚度的测定》

GB/T 20973—2020《膨润土》

GB/T 212—2008《煤的工业分析方法》

GB/T 214—2007《煤中全硫的测定方法》

GB/T 21872—2008《铸造自硬呋喃树脂用磺酸固化剂》

GB/T 24227—2009《铬矿石和铬精矿　硅含量的测定　分光光度法和重量法》

GB/T 24411—2009《摩擦材料用酚醛树脂》

GB/T 25138—2010《检定铸造黏结剂用标准砂》

GB/T 264—1983《石油产品酸值测定法》

GB/T 2684—2009《铸造用砂及混合料试验方法》

GB/T 2794—2022《胶黏剂黏度的测定　单圆筒旋转黏度剂法》

GB/T 3186—2006《色漆、清漆和色漆与清漆用原材料　取样》

GB/T 4209—2022《工业硅酸钠》

GB/T 5611—2017《铸造术语》

GB/T 601—2016《化学试剂　标准滴定溶液的制备》

GB/T 603—2002 《化学试剂 试验方法中所用制剂及制品的制备》

GB/T 6682—2008 《分析实验室用水规格和试验方法》

GB/T 6750—2007 《色漆和清漆 密度的测定 比重瓶法》

GB/T 7143—2010 《铸造用硅砂化学分析方法》

GB/T 7322—2017 《耐火材料 耐火度试验方法》

GB/T 8146—2022 《松香试验方法》

GB/T 9264—2012 《色漆和清漆 抗流挂性评定》

GB/T 9442—2010 《铸造用硅砂》

HB 5351.6—2004 《熔模铸造涂料性能试验方法 第6部分：覆盖性的测定》

JB/T 13037—2017 《覆膜砂高温性能试验方法标准》

JB/T 13043—2017 《铸造用球形陶瓷砂》

JB/T 3828—2013 《铸造用热芯盒树脂》

JB/T 4007—2018 《熔模铸造涂料试验方法》

JB/T 6984—2013 《铸造用铬铁矿砂》

JB/T 7526—2008 《铸造用自硬呋喃树脂》

JB/T 8583—2008 《铸造用覆膜砂》

JB/T 8835—2013 《砂型铸造用水玻璃》

JB/T 8834—2013 《铸造覆膜砂用酚醛树脂》

JB/T 9221—2017 《铸造用湿型砂有效膨润土及有效煤粉试验方法标准》

JB/T 9222—2008 《湿型铸造用煤粉》

JB/T 9223—2013 《铸造用锆砂、粉》

JB/T 9226—2008 《砂型铸造用涂料》

JB/T 9227—2013 《铸造用膨润土》

JJG 196—2006 《常用玻璃量器检定规程》

附录 B　试验数据的处理

1. 有关数据的基本概念

（1）真值　权威机构评定的相对真值 x_T，即认定精度高一个数量级的测定值作为低一级的测量值的真值。

（2）平均值　多次试验后得到的分析结果的算术平均值，一般表达为：$X = 1/n(x_1 + x_2 + \cdots + x_n)$。

（3）中位数　把一组试验数据依大小排序，其中间的数据即是。当测量次数为偶数时，中位数为其相邻两个测定数的平均数，它不如平均值准确。

（4）准确度　表示试验结果与被测组分真值的接近度。

（5）误差 是衡量测定结果准确度高低的尺度，是测定值 x 与真值 x_T 的差值。这其中分为：绝对误差 E_a，$E_a = x - x_T$；相对误差 E_r，$E_r = E_a / x_T \times 100\%$。

（6）精密度 表示对样品进行多次平行测定所得测定值之间的接近程度。精密度是保证准确度的先决条件，两者存在密切关系。

（7）偏差 是衡量试验结果精密度的尺度，它表示试验结果与平均值之间的差异。

单次测量的偏差为 $d_i = x_i - x \ (i = 1, 2, \cdots, n)$

平均偏差为 $d = 1/n (d_1 + d_2 + \cdots + d_n)$

相对平均偏差为 $(d/x) \times 100\%$

标准偏差是最常用的表示试验结果精密度的方法，对有限次（n）恒量所得到的试验数据，标准偏差 SD 为

$$SD = \sqrt{\dfrac{\sum\limits_{i=1}^{n} (x_i - \bar{x})^2}{n - 1}}$$

相对标准偏差 RSD（又称为变异系数）为

$$RSD = \dfrac{SD}{X} \times 100\%$$

（8）准确度和精密度的关系 精密度是保证准确度的先决条件。对于精密度差，所测结果不可靠，就失去了衡量准确度的前提，但高的精密度不一定能保证高的准确度。

图 B-1 所示为准确度与精密度的关系。由图 B-1 可知，测量结果精密度好，准确度不一定好，这说明测试过程可能存在系统误差；如果测试精密度不好，再评价准确度便无意义。在确定了消除系统误差的前提下，精密度可表达准确度。

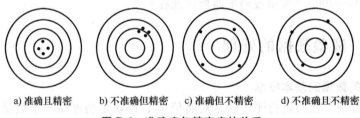

a) 准确且精密　　b) 不准确但精密　　c) 准确但不精密　　d) 不准确且不精密

图 B-1 准确度与精密度的关系

2. 系统误差和随机误差

系统误差是由某种固定原因造成，具有单向性、重现性，其大小和正负是可测定及消除的。系统误差有 4 种，即方法误差、仪器和试剂误差、操作误差及人员的主观误差。系统误差检查法也有 4 种，即标准样品对照法、标准方法对照试验法、标准加入法和内检法。

随机误差是由偶然的、不可避免的因素造成的，它的大小、正负不确定，但服从一定的统计规律，可用多次试验的方法来减小，因为经多次试验其正负误差可互相抵消。

判断离群值或可疑值是否仍在偶然误差范围内，常用的方法是格鲁布斯检验法和 Q 检验法。

3. 有效数字及其运算规则

在成分分析中，实际上能测定到的数字称为有效数字，记录这些数据时，要根据分析方法和测量仪器的精度来决定数据的有效数字位数，记录的数据中，只有最后一位是可疑的。

数字"0"在数据中具有双重意义，当作为普通数字使用时，就是有效数字；如果让"0"仅起定位作用，它就不是有效数字了。例如，0.220 中前一个 0 不是有效数字，最后一个 0 则是有效数字。

化验数字计算时，对数据要先修约，数字修约遵循"四舍六入五成双"规则。例如，6.147 修约成 6.1，是遵循"四舍"规则保留 2 位有效数字；5.387 修约成 5.4，是遵循"六入"规则保留 2 位有效数字；0.012500 修约成 0.012，是遵循"五成双"规则保留 2 位有效数字。

附录 C 化验室安全知识

1. 防火安全

（1）化验室防火措施

1）化验室严禁吸烟，有易燃、易爆等危险品的实验室内严禁使用明火。室内严禁大量存放易燃、易爆物品，不得使用汽油、酒精擦拭仪器。易燃、易爆物应设专人保管并有严格的使用与保管的相关制度。

2）电器设备应装有地线和保险开关，不得超负荷用电，不得随意加大保险丝容量，不得乱接临时电源线。使用烘箱和高温炉时，不得超过允许温度，无人时应关闭电源。

3）化验室要保持空气流通，保证易燃气体及时逸出室外，倾倒易燃液体时要有防静电措施。

（2）常用的灭火方法　一旦发生火灾，化验员要冷静沉着，及时采取灭火措施。燃烧必须具备 3 个条件：可燃物、助燃物和火源，因此灭火就是消除这些条件。

1）灭火时，应先关闭门窗，防止火势增大，并将室内易燃、干燥物搬离火源，以免引起更大的火灾。

2）易溶于水的物质失火时，需要用水浇灭；不溶于水的油类及有机溶剂，如汽油、苯及过氧化物、碳化钙等可燃物燃烧时，一定不要用水去灭火，否则会加剧燃烧，只能用砂、干冰和"1211"灭火器等灭火。

3）若人的身体着火，如衣服着火，应立即用湿抹布、灭火毯等包裹盖熄，或就近水龙头、冲淋浇灭，或卧地打滚以扑灭火焰，不能慌张乱跑，否则风助火势，后果更加严重。

4）选用合适的灭火装置及其方法。一般的灭火器材有泡沫灭火器、二氧化碳灭火器、干粉灭火器、"1211"灭火器等。

2. 安全防爆

（1）防爆基础知识　爆炸性物质指的是具有猛烈爆炸性的物质，受到高热、摩擦、冲击或与其他物质接触后，能在瞬间发生剧烈反应，产生大量的热量和气体，导致气体的体积迅速增加而引起爆炸。

引起爆炸的物质常具有敏感性强、易分解的性质，某些强化剂本身就是爆炸性物质。需要警惕的是，有些实际单独存在时，虽属于危险物化学品，却不致爆炸，但与其他物质混合或受到撞击时，就会剧烈爆炸，这种潜在的致爆因素反而更加危险。

可燃气体、可燃蒸气或粉尘与空气在一定的浓度范围内均匀混合，形成预混气，遇到火源发生爆炸，此浓度范围称为爆炸极限或爆炸浓度极限。各种可燃、易爆气体在空气（或氧气）中的爆炸极限见表 C-1，混合后可引起燃烧、爆炸的试剂组合见表 C-2。

表 C-1　各种可燃、易爆气体在空气（或氧气）中的爆炸极限

名称	自燃温度 T_{fp}/℃	空气中的含量(体积分数,%)	
		下限	上限
氢	585	4.0	75
氨	650	16	25
吡啶	482	1.8	12.4
甲烷	537	5.0	15.0
乙胺		3.5	14
乙烯	450	3.1	32
乙炔	335	2.5	81
一氧化碳	650	12.5	74
硫化氢	260		
甲醇	427	6.0	36
乙醇	538	3.3	19
乙醚	174	1.2	5.1

（续）

名称	自燃温度 T_{fp}/℃	空气中的含量（体积分数,%）	
		下限	上限
丙酮	561	1.6	15.3
苯	580	1.4	8.0
乙腈		2.4	16.0
乙酸乙酯		2.2	11.5
1,4-二氧六环	226	2.0	22
二硫化碳	120	1.3	44

表 C-2　混合后可引起燃烧、爆炸的试剂组合

试剂类型	组合类型	组合	后果（原因）	备注
氧化性试剂	易燃、可燃有机试剂	CrO-乙醇、甘油	燃烧（化学反应）	
		H_2O_2-丙酮	燃烧、爆炸（化学反应）	
		$KMnO_4$-甘油	燃烧（化学反应）	
	还原性试剂	Na_2O-K、Na、Na_2O-Zn、Mg(粉)	燃烧（化学反应）	潮湿空气中接触
		Na_2O-$H_2C_2O_4$、$(NH_4)_2S_2O_3$-Al(粉)	燃烧（摩擦）	遇水
		$(NH_4)_2S_2O_3$-$NaNO_2$	燃烧（放高热）	
		NH_4NO_3-$NaNO_2$、NH_4NO_3-Zn(粉)、NH_4NO_3-$ZnCl_2$	爆炸	遇水
	易燃固体试剂	$NaNO_2$-P_2S_3、P(赤)	燃烧（接触）	潮湿空气
		$NaClO$-P(赤)、S、P_2S_3	爆炸（化学反应、放热）	
	毒害性试剂	$NaClO_3$-KCN、NH_4NO_3-KCN、NH_4NO_3-Ba(SCN)$_2$	急剧反应	
	腐蚀性试剂	$KMnO_4$-H_2O_2、浓 H_2SO_4	剧烈分解	
		$NaClO_3$-H_2SO_4	爆炸（放高热）	
腐蚀性试剂	易燃液体试剂	HNO_3-乙醇、松节油、HNO_3-环戊二烯、噻吩	燃烧（化学反应）	
	还原性试剂	HCl、H_2SO_4-K、Na、HNO_3-Mg、Al 粉	爆炸（化学反应）	
		HNO_3-Zn 粉	急剧反应（化学反应）	
	易燃固体试剂	HNO_3-P(赤)	燃烧	潮湿空气
		偶氮二异丁腈	燃烧	

（续）

试剂类型	组合类型	组合	后果(原因)	备注
腐蚀性试剂	易燃性有机试剂有机物	PBr_5-乙醇、甘油	燃烧（化学反应）	
		PCl_3-木屑、草套、乙酰氯、木屑	炭化、燃烧	
	卤化磷	氯化铬酰-PBr_5、PCl_3、$POCl_3$	燃烧（化学反应）	

（2）防爆措施 爆炸的原因主要有器皿内和大气间压力差加大引起的爆炸，以及化学反应区域内压力急剧改变导致的爆炸。

在使用危险物质工作时，为了减小或消除爆炸的可能性或防止发生事故，应该遵循以下原则：

1）使用能预防爆炸或减少危害后果的仪器和设备。

2）掌握物质的物理及化学性能、反应混合物的成分、物质的纯度、仪器的结构（包括器皿的材料）、工作的条件（温度、压力）等。

3）应该将仪器预先加热后再充入气体，不能用可燃性的气体来排空气体，或用空气来排可燃气体，应该使用氮或者二氧化碳来排除，否则就有爆炸的危险。

4）在保证试验结果可靠性和精密度的前提下，危险物质都必须取用最小量来完成相应的测试工作，一定不能使用明火加热。

5）在完成气相反应时，要了解改变气相反应速率的普遍影响因素（光、压力、表面活性剂、器皿材料及杂质等）。

6）在使用爆炸物质进行测试分析工作时，必须使用软木塞、橡皮塞并保持它们充分清洁，不可使用带磨口塞的玻璃瓶，因为开启或关闭玻璃塞的摩擦都有可能成为爆炸的原因。

7）干燥爆炸物质时，禁止关闭烘箱门，尽量在惰性气体气氛下进行，保证干燥时加热的均匀性和消除局部自然的可能性。

8）绝对不允许将水倒入浓硫酸中。

9）及时销毁爆炸性物质的残渣：卤氮化合物可以用氟与之反应成为碱性而销毁；叠氮化合物及雷酸银可以通过酸化来销毁；偶氮化合物可与水共同煮沸来销毁；乙炔化合物可以用硫化铵分解来销毁；过氧化物可以用还原方法销毁。

应当注意：进行隔绝空气加热时，应该加热均匀，以防止温度骤降导致的爆炸；使用强碱熔样时，应防止坩埚沾水而爆炸；点燃氢气时，应该检查氢气的纯度。

3. 安全防中毒、防伤及防辐射

（1）防中毒 有毒物质的类型通常有两种划分方式：按照毒性大小划分，

分为低毒物、中度毒物和剧毒物；按照状态划分，分为有毒气体、有毒液态和有毒固体。常见的有毒物质见表 C-3。

表 C-3　常见有毒物质

类型	名称
有毒气体	一氧化碳、氯气、硫化氢、氮的氧化物、二氧化硫、三氧化硫等
有毒液体	汞、溴、硫酸、硝酸、盐酸、高氯酸、氢氟酸、有机酚类、苯及其衍生物、氯仿、四氯化碳、乙醚、甲醇等
有毒固体	汞盐、砷化物、氰化物等

主要的防毒措施有：

1）一切药品和试剂要有与其内容物相符的标签。剧毒试剂的取用和使用应严格遵守操作规则，并有专人负责收发保管。发生散落时，应立即收起并做解毒处理。

2）严禁试剂入口，不能用鼻子直接接近瓶口鉴别。只能用手扇送少量气体，轻轻嗅闻。

3）处理有毒气体、产生蒸气的药品及有毒的有机试剂时，必须在通风橱内进行。取有毒试样时必须站在上风口。

4）使用后的含有毒物质的废液不得倒入下水道内，应该集中收集，进行无毒化处理。将盛过有毒物废液的容器清洗干净之后，立即吸收。

5）汞属于积累性毒物，使用时应避免溅洒。使用汞的实验室内应设有通风设备，并且保持室内的空气流通。排风口应该设在房间下部，避免因汞蒸气较重而沉积在房间下部。若不慎洒出少量汞，应该立即处理干净，并在残迹处撒上硫黄粉使之完全消除。

6）决不允许使用实验室的器皿做饮食工具，绝对禁止在使用毒物或有可能被毒物污染的实验室存放食物、饮食或吸烟。离开实验室后应立即洗手。

（2）防化学烧伤、割伤、冻伤

1）取用腐蚀性药品，如强酸、强碱、浓氨水、浓过氧化氢、氢氟酸、冰乙酸和溴水等，应尽可能地戴上防护眼镜。

2）稀释浓硫酸时，必须在烧杯等耐热容器中进行，在玻璃棒不断搅拌下，缓慢地将浓硫酸倒入水中！决不能将水倒入酸中。溶解氢氧化钠、氢氧化钾等大量发热的物质时，同样必须在耐热的容器中进行。浓酸和浓碱如需中和，必须先各自稀释。

3）取下沸腾的水或溶液时，必须先用烧杯夹夹住，摇动后再取下，以免使用时突然沸腾的液体溅出伤人。

4）切割玻璃管（棒），或将玻璃管插入橡皮塞时极易受到割伤，应按规程操作，用厚布垫住。向玻璃管上套橡皮管时，应选择合适直径的橡皮管，用水或者肥皂水先进行湿润，并将玻璃管口烧圆滑。把玻璃管插入橡皮塞时，应该握住塞子的侧面进行。

5）使用如电炉、烘箱、沙浴、水浴等加热设备时，应严格遵守安全操作规程，以防烫伤。

6）研磨或压碎苛性碱或其他危险物质时，要注意小碎块或其他危险物质碎片溅散，以免烧伤眼睛或身体其他部位。

7）使用酒精灯或酒精喷灯时，酒精不应装得太满。应先将洒在外面的酒精擦干净，注意避免烫伤。

8）打开氨水、盐酸、硝酸等试剂瓶时，应先盖上湿布，用冷水冷却后，再打开瓶塞，以防溅出，尤其在夏天要更加注意。

9）搬运大瓶酸、碱或腐蚀性液体时应特别小心，注意容器有无裂纹，外包装是否牢固。在搬运过程中必须一手托住瓶底，一手拿住瓶颈，搬运时最好用手推车。分装时应用虹吸管移取，10kg 以上的玻璃容器不用倾倒方法。

（3）防辐射　射线防护的基本原则是一切辐射实践都必须要有充分正当的理由；所有照射都应该保持在合理做到的最低水平；个人所受的照射计量一定不得超过规定的计量限值；应避免放射性物质进入人体污染身体。

对人体的辐射防护一般分为外照射和内照射两种，外照射是指射线在身体外表面的照射。内照射是指由于防护不当导致放射性物质被吸入呼吸道、吃进消化道或从伤口、皮肤或黏膜处侵入人体而引起的照射。一般来说，内照射比外照射的危险性大得多。

1）外照射防护的注意事项。

① 用量防护。在不影响试验和工作的前提下，尽量少量使用。

② 时间防护。由于人体所接受的剂量大小与受到照射的时间成正比，所以要通过减小照射时间来达到防护目的。工作时，操作要做到简单、快速、准确。增配工作人员轮换操作，以减少每人受照射的时间。尽量避免在有放射性物质（特别是 β、γ 体）的周围进行不必要的停留。

③ 距离防护。由于人体所接受的剂量大小与接触放射性物质具体的平方成正比。所以随着距离的增加，剂量的减少是很显著的。所以，为了加大距离，操作放射性物质可以利用各种夹具，但是也不宜太长，否则会增加操作的难度。

④ 屏蔽防护。利用适当的材料对射线进行遮挡的防护方法，一般通过在放射源与人体之间放置能吸收或减弱射线的屏蔽来实现。相对密度较大的金属材料、水泥、水对 γ 射线和 X 射线的遮挡性能较好；相对密度较小的材料对中子的遮挡性能较好；β 射线和 α 射线比较容易遮挡，通常用轻金属铝、塑料、有机玻璃等来遮挡。

2）放射性物质进入人体的注意事项。

① 防止由消化系统进入人体。绝对禁止用口吸取溶液。在化验室内不允许吃喝、吸烟，或其他途径与口接触。吸取液体必须使用有长距离控制的注射器，消除溶液入口的可能性。必要时一定要戴上高度洁净的手套口罩，戴上手套后不能乱摸别的东西，不能用已经破损的手套，注意手套的表面和里面，不要随意翻转，注意戴手套的顺序和方法，不要接触活性的一面。

② 防止通过呼吸系统进入体内。室内保持高度清洁，要经常清扫，不要用扫帚干扫，以免引起尘土飞扬，应该用潮湿的拖布拖试或用吸尘器吸去地面的灰尘。遇到污染时应该慎重处理。

室内需要有良好的通风，煮沸、烤干、蒸发等必要的工作均应该在通风橱中进行。处理粉末应该在手套箱中进行。经常调节气流，使新鲜空气先通过工作者，再经过放射性物质排出。工作时，如有必要，还可以带上滤过型呼吸器，呼吸器内部应保持高度清洁。

③ 防止通过皮肤进入体内。小心工作，避免仪器特别是沾有放射性的部分割伤皮肤。如有小伤，应该妥善包扎，戴上手套再进行工作，如伤口较大，应停止工作。

4. 安全用电

（1）防止触电　触电事故主要指的是电击，主要防护措施如下：

1）电气设备完好，如发现漏电，要立即修理。不能使用不合格的或已经绝缘损坏、老化的线路。建立定期维护检查制度。

2）良好的保护接地，使用前检查外壳是否带电，接地线是否脱落，再接通电源。电气设备不带电的金属部分要与接地体之间做好金属连接。

3）在使用新电器仪器前，首先要弄懂使用方法和注意事项，不能盲目接电源。

4）实验室内不能有裸露的电线，刀闸开关应该完全合上或完全断开，以防由于接触不良而开出火花，引起易燃物爆炸。拔插头时，要用手握住插头拔，不可以只拉电线。

5）更换保险丝时，应按照负荷选用合格的保险丝，不能任意加粗保险丝，更不能用铜丝代替。

6）电气设备和电线应始终保持干燥，不能浸湿，以防短路烧坏电气设备，引发火灾。

7）使用电热恒温干燥箱时，不得把易燃挥发物放入干燥箱内，以免发生爆炸。

（2）电击伤的急救措施

1）发生触电事故时，救护人员应切断电源后救治触电者，拉闸后，用绝缘性好的物品（如竹竿、木棍、塑料制品等）把触电者与电线拉开。

2）如有休克现象，应将人转移到有新鲜空气的地方，进行人工呼吸，并就近送入医院处理。

3）皮肤因高热或电火花烧伤者要防止感染，并迅速就医。如遇呼吸暂停者（假死），应实施心肺复苏抢救，如口对口人工呼吸或心脏按压法，并立即就医。

（3）化验室的静电防护　静电是在一定的物体中或物体表面上存在的电荷，一般 3~4kV 的静电电压便会使人有不同程度的电击感觉。

静电的主要危害：危及大型精密仪器的安全静电能造成大型精密仪器的高性能原件损伤，危及仪器的安全，安装在印刷电路板上的元器件更易损坏。静电电击危害是由于放电时瞬间产生冲击性电流通过人体时造成的伤害。虽然不至于引起生命危险，但放电严重时能使人摔倒，电子仪器放电火花可能引发易燃气体的燃烧，甚至爆炸，因此必须加以防护。

防静电的措施如下：

1）在防静电区域不要使用塑料地板、地毯或其他绝缘性好的地面材料，可以铺设导电性地板。

2）在易燃易爆场所，应该穿用导电纤维及导电材料制成的防静电工作服、防静电鞋（电阻小于 150kΩ），戴防静电手套。不要穿化纤类织物、胶鞋或有绝缘鞋底的鞋。

3）高压带电体应有屏蔽措施，以防人体感应产生静电。

4）在进入易产生静电的实验室之前，应徒手接触金属接地棒，以消除人体从外界带来的静电。坐着工作的场所可在手腕上戴接地腕表。

5）提高空气中的相对湿度，当相对湿度超过 65%~70% 时，物体表面电阻降低，便于静电逸散，但对精密仪器的生产、使用、维修过程仍然不能满足要求（在防静电安全区内静电电压不得超过 100V）。

6）凡是不停转动的电气设备，如真空泵、压缩机等，其外壳必须良好接地。

5. 危险化学品的安全管理

许多化学试剂都具有易燃、易爆、易使人中毒的性质。从安全角度考虑，这些试剂被列为危险化学品。具体的分类参见 GB 13690—2009《化学品分类和危险性公示　通则》。

（1）危险化学品的储存要求

1）存储化学危险品必须遵照国家法律、法规和其他有关的规定。

2）化学危险品必须存储在经公安部门批准设置的专门的化学危险品仓库中，经销部门自管仓库储存化学危险品及储存数量必须经公安部门批准。未经批准不得随意设置化学危险品储存仓库。

3）化学危险品露天堆放，应符合防火、防爆的安全要求，爆炸物品、一级易燃物品、遇湿燃烧物品、剧毒物品不得露天堆放。

4）储存化学危险品的仓库必须配备有专业知识的技术人员，其库房及场所应设有专人管理，管理人员必须配备可靠的个人安全防护用品。

5）化学危险品储存方式分为3种，即隔离储存、隔开储存和分离储存。

（2）剧毒化学品、易制毒化学品、易制爆化学品及监控化学品

1）剧毒化学品是指具有非常剧烈毒性危害的化学品，包括人工合成的化学品及其混合物和天然毒素。剧毒化学品必然是危险化学品。

2）易制毒化学品、易制爆化学品是根据近十几年来各类违法犯罪形式的变化而规范出来的。

3）监控化学品是我国为履行《禁止化学武器公约》而制定。其内容于1996年5月15日发布。

剧毒化学品、易制毒化学品、易制爆化学品及监控化学品的使用都具有危险性，如果流入社会，可能会产生严重的危害，必须严加管理。对剧毒化学品的管理应该严格遵守"双人保管、双人收发、双人使用、双人运输、双人双锁"的"五双"制度。从危险品仓库中领取剧毒品和易制毒品需要由两名正式工作人员完成，且必须放入本单位剧毒品专用库房统一保管、领用。使用时要精确计量，双人双记录本同时记载，防止被盗、误领、丢失、误用。

6. 化验室废弃物的处理

（1）化验室危险废弃物的常用收集方法

1）分类收集法：按照废弃物的类别、状态和性质分类进行收集，可分为易燃、易腐蚀、活性氧化剂、中毒、特别危险、低温储藏、易形成过氧化物、在惰性条件下储存等。

2）单独收集法：危险废物应该给予单独收集处理。

3）相似归类收集法：性质、处理方式方法等相似的废弃物应收集在一起。

4）按量收集法：根据试验过程中排除废物的量的多少或浓度的高低予以收集。

（2）化验室危险废弃物收集注意事项

1）不能互相混合的物质。不能与酸类混合的物质：活泼金属（如钠、钾、镁）、易燃有机物、氧化性物质、接触后即产生有毒气体的物质（如氰化物、硫化物及次卤酸盐）。

不能与碱类混合的物质：酸、铵盐、挥发性胺。

不能与易燃物混合的物质：有氧化作用的酸、易产生火花火焰的物质。

氧化剂不能与还原剂收集在一起。

2）易与空气发生反应的废弃物。易与空气发生反应的废弃物（如黄磷遇空

气着火）应放入水中并盖紧瓶盖；含有过氧化物、硝化甘油之类的爆炸性物质的废液，要谨慎操作，尽快处理。

3）会产生有毒气体的废液。会产生有毒气体的废液（如氰、磷化氢等），会发出臭味的废液（如胺、硫醇等），易燃性大的二硫化碳、乙醚之类的废液，要加以适当的处理，防止泄漏，并尽快处理。

4）放射性废物和感染性废物。会产生放射性废物和感染性废物的化验室应将废弃物收集、密封，明显标示其名称、主要成分、性质、数量，并予以屏蔽隔离，严防泄漏，谨慎处理。

（3）化验室废弃物储存注意事项

1）化验室化学废弃物的储存。所有废弃物品必须储存在辅助容器中，并存放在符合安全与环境要求的专门房间或室内特定区域，并根据其危险级别分开存放。不要把放射性废物与化学废弃物品放在同一场所，危险废物不能与生活垃圾混装。

2）存放废弃物品的容器和实践。存放废弃物的容器必须不与废弃物反应，要用密闭式容器收集储存；存储容器若有严重生锈、损坏或泄漏的情况，应立即更换。原则上废液停留在化验室的时间不能超过 6 个月。

3）标识存放的废气物品。每个储存废弃物的容器上必须标明"危险废弃物"字样、危险废物的名称、危险废弃物的性质、危险废物的成分及物理状态、生产危险废物的地址和人员姓名、危险废物的储存日期等。

（4）化验室危险废物的处理

1）化验室化学废物的处理原则。工作者处理化学废物时要谨慎操作，防止产生有毒气体，防止发生火灾、爆炸等危险，处理后的废物要保证无害后才能排放。

化学工作者应树立绿色化学思想，依据减量化、再利用、再循环的整体思维方式来考虑和解决化学实验室中出现的废弃物问题。

2）化验室化学废物的处理方式。无机酸、碱类废液的处理：一般无害的无机中性盐类或阴阳离子废液，可由大量清水稀释后，由下水道排放。无机或有机酸碱需要中和至中性或用水大量稀释后，再由下水道排放。

无机有毒废气的处理：产生毒气量大的试验必须具备吸收或处理装置，可用吸附、吸收、氧化、分解等方法处理；如 SO_2、Cl_2、H_2S、NO_2 等，可用导管通入碱液中，使其大部分吸收后排出，一氧化碳可点燃转化成二氧化碳。少量有毒气体的试验必须在通风橱中进行。通过排风设备直接将其排到室外，使废气在空气中稀释，依靠环境自身容量解决。汞的操作环境必须有良好的全室通风装置，其通风口应在墙体的下部。

含有毒无机离子废液的处理：用沉淀、氧化、还原等方法进行回收或无害化处理。

含氧化剂、还原剂废液处理：常采用氧化还原法，注意一些能反应产生有毒物质的废液不能随意混合，如硝酸盐和硫酸、强氧化剂与盐酸、磷和强碱、有机物和过氧化物、亚硝酸盐和强酸，以及高锰酸钾、氯酸钾等不能与浓盐酸混合等。

有机废物的处理：有机类废液大多易燃易爆、不溶于水，处理方法也不尽相同，主要有蒸馏法、吸附法、焚烧法、溶剂萃取法、氧化分解法、水解法、光催化降解法等。

放射性废弃物的处理：对放射性固体废物和不能经净化排放的放射性废液进行处理，使其转变为稳定的、标准化的固体废物后自行储存，严防泄漏，禁止混入化学废物，并要及时送到取得相应许可证的放射性废物处置单位。在处理过程中，除了靠放射性物质自身的衰变使放射性衰减外，还需将放射性物质从废物中分离出来，使浓集放射性物质的废物体积尽量减小，可采取多级净化、压缩减容、去污、焚烧、固化后存放到专用处置场或放入深地层处置库内处置，使其与生物圈隔离。

参 考 文 献

[1]　黄天佑，熊鹰. 黏土湿型砂及其质量控制［M］. 2版. 北京：机械工业出版社，2016.

[2]　李远才. 铸造造型材料技术问答［M］. 北京：机械工业出版社，2013.

[3]　李远才. 铸造手册：第4卷 造型材料［M］. 4版. 北京：机械工业出版社，2020.

[4]　樊自田，汪华方. 水玻璃砂型铸造技术研究及应用新进展［J］. 金属加工（热加工），2011（19）：23-26.

[5]　王瑾，赵亮. 基于绿色铸造的水玻璃砂造型存在的主要问题及其应对措施［J］. 铸造技术，2014，35（1）：175-177.

[6]　巩济民，徐人瑞，万仁芳. 铸造原辅材料实用手册：砂型铸铁分册［M］. 北京：国家开放大学出版社，2018.

[7]　吴铁明，施加林，穆建华，等. 铸造原辅材料实用手册：砂型铸钢分册［M］. 北京：国家开放大学出版社，2020.

[8]　杨磊. 造型材料性能对铸件质量的影响及其控制［J］. 中国铸造装备与技术，2015（3）：57-59.

[9]　王建梅，曾莉. 化验员实用操作指南［M］. 北京：化学工业出版社，2020.

[10]　李传枙. 无机盐类黏结剂的应用和发展［J］. 金属加工（热加工），2014（9）：12-15.

[11]　胡彭生. 型砂［M］. 上海：上海科学技术出版社，1994.

[12]　余笃武，梁希超，姜不居，等. 铸造测试仪器的原理及应用［M］. 北京：机械工业出版社，1990.

[13]　李远才. 铸造涂料及应用［M］. 北京：机械工业出版社，2012.

[14]　张启富，王文清. 铸造流涂新工艺［M］. 北京：冶金工业出版社，1998.

[15]　庞凤荣. 化学成分分析中的数据处理方法［J］. 现代铸铁，2011（5）：70-71.